Comment économiser le chauffage etc...

MINISTÈRE DE L'INSTRUCTION PUBLIQUE ET DES BEAUX-ARTS

MUSÉE PÉDAGOGIQUE

41, rue Gay-Lussac, 41

SERVICE DES PROJECTIONS LUMINEUSES

NOTICE SUR LES VUES

COMMENT ÉCONOMISER LE CHAUFFAGE

Domestique et Culinaire.

MELUN
IMPRIMERIE ADMINISTRATIVE

1918

La présente notice devra être renvoyée au Musée Pédagogique avec les Vues.

TABLE

II. — Les appareils de chauffage.

III. — La combustion.

IV. — Le chauffage culinaire.

COMMENT ÉCONOMISER LE CHAUFFAGE

Domestique et culinaire. [1]

NOTIONS GÉNÉRALES

En toutes saisons, il faut cuire la plupart de nos aliments. En hiver, il faut, en outre, chauffer notre logement pour le maintenir habitable.

Cuire, chauffer, c'est dépenser et détruire du combustible pour obtenir une élévation de température ; c'est user de l'énergie pour la transformer en chaleur.

Or il importe, actuellement, de ne dépenser et de n'user que le strict minimum ; chacun de nous doit dépenser le moins possible d'argent dans son intérêt personnel, mais, plus encore, il doit user le moins possible de l'énergie et des combustibles disponibles, dans l'intérêt de tous. L'argent dépensé se retrouve ; le charbon brûlé est définitivement perdu.

Nos ressources en combustibles étant limitées, chacun n'en consomme qu'en diminuant les quantités

(1) D'après la brochure de R. Legendre et A. Thevenin, publiée par la Direction des Inventions du Ministère de l'Armement et des Fabrications de guerre, Masson et Cie, Éditeurs, Paris.

disponibles pour les fabrications de guerre et les autres besognes essentielles de l'activité nationale.

Il faut donc accepter de se limiter et apprendre à utiliser au mieux les sources de chaleur dont on dispose.

Que cette connaissance des principes du chauffage domestique soit utile, il suffira, pour s'en convaincre, de voir plus loin qu'elle permet de réaliser de notables économies, pouvant atteindre jusqu'à 80 p. 100.

Ces économies devront continuer assez longtemps après la guerre. et, en tout temps, elles permettront à chacun d'y trouver son bénéfice.

Le problème du chauffage domestique et culinaire peut se poser ainsi : il s'agit d'élever la température d'une chambre ou d'un mets à un degré déterminé et de la maintenir ensuite à ce degré pendant un certain temps.

Pour cela, on brûle un combustible dans un appareil approprié.

Mais il est évident qu'il ne faudra pas la même quantité de combustible pour amener à la même température une petite chambre ou tout un immeuble, un œuf ou un bœuf. Le thermomètre n'est donc pas suffisant pour bien poser le problème : il faut aussi faire intervenir le volume du corps à chauffer, la quantité de chaleur à fournir, en un mot les calories. On sait qu'on appelle calorie la quantité de chaleur nécessaire pour élever d'un degré la température d'un litre d'eau.

Cette notion de calorie est importante, et nous vous prions d'y porter toute votre attention, car elle reviendra à tout instant dans cette conférence, et l'on ne saurait sans elle raisonner d'économies de chauffage.

Les combustibles ne donnent pas tous la même quantité de chaleur; chacun a son pouvoir calorifique propre, et cette notion doit intervenir dans le choix du mode de chauffage.

Nous examinerons donc tout d'abord les combustibles, et passerons en revue non seulement les combustibles usuels, mais aussi ceux d'appoint, dont on parle beaucoup en ce moment : poussiers, agglomérés, tourbe, lignite, sciure, et quelques autres modes de chauffage moins répandus : pétrole, électricité, etc.

Quelque paradoxale que semble, à première vue, l'idée qu'une chambre amenée à une température voulue n'aurait plus du tout besoin d'être chauffée, si elle était parfaitement isolée au point de vue thermique, nous insisterons sur ce fait qu'on chauffe uniquement pour compenser les pertes de chaleur qui se produisent constamment dans une maison. En fait, la chaleur se perd par les murs, les plafonds, les parquets, les fenêtres, les portes. les cheminées, et aussi par la ventilation nécessaire pour nous assurer un air respirable constamment pur. Le chauffage n'a pas d'autre but que de réparer ces pertes, et l'on comprend quelle importance il y a à les connaître exactement, et au besoin à les restreindre pour économiser le combustible.

Celui-ci est brûlé dans des appareils : cheminées, poêles, calorifères, dont le rendement peut varier de 1 à 100 p. 100, selon qu'ils chauffent surtout la cheminée ou la pièce. Il y a donc lieu de connaître leurs qualités et leur meilleur régime de marche.

Les mêmes problèmes se posent pour le chauffage culinaire. La question de ventilation et d'aération n'existant plus ici, nous verrons que le soi-disant paradoxe du maintien de la température sans apport de chaleur trouve sa réalisation dans les marmites norvégiennes et les cuiseurs enveloppés.

L'ensemble de ces renseignements formera, pensons-nous, un guide pratique pour économiser le combustible dans le chauffage domestique et culinaire, un enseignement des notions simples nécessaires pour obtenir le meilleur rendement et expliquer de nombreux tours de main et recettes applicables à la maison.

I. — LES COMBUSTIBLES

Tous les peuples connaissent le feu et l'utilisent pour se chauffer. Personne n'hésitera donc à dire ce que c'est qu'un combustible. C'est un corps qui brûle ou, plus exactement, qui se combine facilement avec l'oxygène de l'air en dégageant beaucoup de chaleur.

En brûlant, un combustible produit des gaz divers, de la fumée, et laisse des cendres formées par les substances incombustibles qu'il contenait.

Pour qu'un combustible soit pratique, il faut d'abord qu'il soit abondant, et par suite peu coûteux ; il faut en second lieu qu'il donne en brûlant peu de cendres ; il faut enfin que les gaz produits par la combustion soient inodores ou peu odorants et ne soient pas toxiques.

La quantité de chaleur produite par un combustible — son pouvoir calorifique — dépend de sa composition chimique. Le combustible qui fournit la plus grande quantité de chaleur en brûlant parfaitement est celui qui contient le plus d'hydrogène, car un kilogramme d'hydrogène dégage en brûlant 28.800 calories, tandis qu'un kilogramme de carbone n'en dégage que 8.000 environ.

La chaleur produite par la combustion du bois ou par celle de la houille dépend de la proportion de carbone et d'hydrogène que renferme le bois ou la houille.

L'expérience a montré que les principaux combustibles se classent ainsi, au point de vue de la chaleur qu'ils dégagent (en calories) :

Bois	2.400 à 2.500	par kilogramme.
Tourbe	3.000 à 3.700	—
Lignite	4.000 à 4.800	—
Alcool dénaturé	5.520	—
Gaz d'éclairage	5.300	par mètre cube.
Charbon de bois	6.000 à 7.000	par kilogramme.
Coke	7.000 à 8.000	—
Houille maigre	7.200 à 7.800	—
Anthracite	7.800 à 8.300	—
Pétrole (suivant origine)	10.000 à 11.500	—

La connaissance du pouvoir calorifique va nous permettre de comparer le prix de revient des combustibles.

Si 1 kilogramme de houille maigre fournit 7.500 calories, ainsi qu'il résulte du tableau précédent, et si la tonne nous est vendue 110 francs, prix officiel à Paris, en novembre 1917, lacalorie revient à $\frac{0,11}{7.500}$ ou 0 fr. 000014.

Le bois de chauffage valant 160 francs les 1,000 kilogrammes et son pouvoir calorifique étant de 2.500, la calorie revient à 0 fr. 000.064.

Le bois était donc, à Paris, à ce moment, un combustible à peu près cinq fois plus onéreux que la houille.

Prix de revient de la même quantité de chaleur avec divers combustibles. (Vue n° 1.)

Le même calcul fait à Paris en novembre 1917 pour les divers combustibles a donné le résultat suivant : (fig. 1). Les plus économiques étaient la houille et l'anthracite (au prix officiel), le chauffage au coke était presque 2 fois plus coûteux, le chauffage au gaz 3 fois plus dispendieux, au bois 5 fois, au charbon de bois et au pétrole 8 ou 9 fois.

L'électricité et l'alcool n'ont pu être figurés parce que les ronds qui les représenteraient seraient trop grands. En effet, les 10.000 calories, base de calculs, coûtent 5 fr. 81 quand elles sont produites par le courant électrique et 9 fr. 81 quand on brûle de l'alcool (1) (Lumière).

Il ne faut d'ailleurs pas oublier que ces prix de revient sont sensiblement inférieurs à la réalité; ce sont des données comparatives. Pratiquement il faut tenir compte des appareils de chauffage utilisés: leur rendement est très variable, ainsi que nous le verrons plus loin : la cheminée ne permet d'utiliser qu'une très petite quantité de la chaleur produite par la combustion; le poêle à charbon, la salamandre ou les appareils analogues en utilisent une quantité beaucoup plus notable; un bon radiateur à gaz a un rendement meilleur encore.

Nous passerons en revue successivement : les *combustibles normaux* : bois, houille, anthracite, coke, gaz, pétrole, alcool; les *combustibles accessoires*: lignite, tourbe, sciure de bois, tannée, marcs de raisins, puis l'*utilisation des poussiers et déchets*, les agglomérés industriels et les agglomérés domestiques ; et enfin sur le *chauffage électrique*.

(1) Le conférencier pourra faire les mêmes calculs en se basant sur les prix actuels des divers combustibles dans la localité.

COMBUSTIBLES NORMAUX

Bois. — Le bois est constitué par de la cellulose (carbone, hydrogène et oxygène), de l'eau en assez grande abondance et quelques sels minéraux, notamment des sels alcalins qu'on retrouve dans les cendres. (1).

Le bois vert, en automne, contient souvent plus de 40 p. 100 d'eau. On sait que le bois humide ne chauffe pas ; au cours actuel, acheter du bois vert, c'est acheter, pour se chauffer, de l'eau à 15 ou 20 centimes le litre !

Cinq mois après avoir été coupé, le bois contient 30 à 35 p. 100 d'eau. Lorsqu'il a été coupé et débité depuis un an ou deux et qu'il a séché à l'air dans les conditions normales, il n'en contient plus que 15 à 25 p. 100 ; c'est à cet état qu'il doit être, en général, livré au consommateur.

Les bois les meilleurs pour les cheminées et les poêles sont le charme, le hêtre et l'orme ; le chêne est en général moins recherché et de qualité variable suivant les régions ; le tilleul et le châtaigner sont des bois de chauffage médiocres ; l'acacia, le frêne, l'aune, sont de bons bois, mais moins exploités pour le chauffage que les précédents. Les bois tendres ne sont guère employés, dans les ménages, que pour faire une flambée, ou comme bois d'allumage en raison de leur rapidité de combustion.

---

(1) Les ménagères des villes emploieraient peut-être avec profit maintenant, en raison de la cherté du savon, l'antique procédé de lessivage du linge avec des cendres de bois, encore utilisé dans les campagnes. C'est le carbonate alcalin des cendres (carbonate de potasse) qui se dissout quand on *coule* la lessive dans le grand cuvier.

La *souche* ou partie souterraine de l'arbre est un bon combustible, souvent trop peu connu dans les villes, de même que les copeaux d'abatage (*rasage, ételles*).

En raison de la diversité des bois et de la quantité variable d'eau qu'ils contiennent quand ils sont livrés au consommateur, il est assez difficile d'en indiquer avec précision le pouvoir calorifique. On peut admettre qu'il est en moyenne de 2.400 à 2.500, mais il atteint 3.700 pour des bois exceptionnellement secs.

En somme, le chauffage au bois est un chauffage domestique sain, gai, agréable en raison de la longue flamme éclairante qui accompagne habituellement la combustion, mais il est toujours coûteux, et la façon la plus économique et la plus rationnelle de l'employer consiste à le brûler dans un poêle et non dans une cheminée.

Dans les meilleures conditions, 100 kilogrammes de bois chauffent à peine autant que 50 kilogrammes de houille et, de plus, le bois a l'inconvénient d'être un combustible encombrant : 400 mètres cubes de bois équivalent à peu près à 100 mètres cubes de houille.

Charbon de bois. — Le chauffage au charbon de bois n'est utilisé que pour la cuisine : encore était-il, dans les villes, depuis une trentaine d'années, de plus en plus supplanté par le gaz. On sait qu'il est fabriqué en calcinant le bois dans des meules horizontales ou verticales ou dans des fours clos. Le charbon de bois léger est plus inflammable, plus combustible que celui qui provient de bois lourds et compacts.

Le pouvoir calorifique du charbon de bois est considérable : 6.000 à 7.000. Mais c'est un combustible très coûteux, 8 fois plus cher que la houille dans les villes. au cours actuel.

Tout le monde sait que les réchauds à charbons sont très dangereux quand ils ne sont pas placés sous une cheminée ayant un bon tirage. Les gaz de combustion qui s'en échappent contiennent en général beaucoup d'oxyde de carbone, inodore et extrêmement toxique, à très faible dose; il provoque la migraine et la syncope chez les repasseuses qui utilisent mal le réchaud à charbon.

Quant aux braseros et aux chaufferettes à charbon de bois, le mieux est d'en proscrire complètement l'usage, sauf en plein air.

Houille. — La houille est maintenant dans les villes, et même dans une grande partie des villages de France, le combustible le plus employé.

On distingue, suivant la quantité de matières volatiles qu'elles peuvent fournir lorsqu'on les distille, les houilles *grasses*, les houilles *demi-grasses* et les houilles *maigres*.

Les houilles grasses s'agglutinent et se boursouflent dans les foyers.

Le pouvoir calorifique des houilles maigres flambantes, employées dans les foyers domestiques, varie de 7.200 à 7.800; il est plus considérable pour les houilles à courte flamme et atteint 8.400. C'est le plus économique des combustibles.

Actuellement, les ménagères doivent se contenter de *tout-venant* de grosseur et de qualité assez variables.

Elles peuvent avoir avantage, pour utiliser au mieux ces charbons médiocres, en en réduisant la consommation: 1° à employer des grilles à barreaux plus rapprochés; 2° à diminuer la profondeur du foyer; 3° à couvrir le feu avec du poussier humide, quand il est bien allumé.

Anthracite. — L'anthracite est du charbon presque

pur; il contient en moyenne 90 à 94 p. 100 de carbone.

Il brûle sans se boursoufler, sans décrépiter, sans flamme ou avec une flamme bleue très courte, sans odeur, sans fumée, avec très peu de cendres, mais il est difficilement inflammable et on a cru, pendant longtemps, qu'il était, pour cette raison, inutilisable pour le chauffage domestique, malgré son pouvoir calorique élevé (jusqu'à 8.500 et pratiquement 7.700 à 8.300).

On utilise maintenant l'anthracite couramment dans des foyers spéciaux : salamandres et poêles à combustion continue.

Coke. — Le coke est le produit de la calcination de la houille à l'abri de l'air. Celui qui est utilisé pour le chauffage domestique provient des usines à gaz ; c'est le résidu de la distillation de la houille.

Il ne contient en général ni hydrogène ni hydrocarbures ; il n'est constitué que par du carbone et des cendres.

Le bon coke doit être mat, poreux, sonore, peu friable. Il pèse 42 kilogrammes environ par hectolitre et donne de 4 à 6 p. 100 de déchet.

Le coke constitue un combustible assez économique, Son pouvoir calorifique est de 7 à 8.000.

Son principal inconvénient, en raison de l'absence de matières volatiles dans sa composition, est d'être difficile à allumer, peu combustible ; il brûle sans flamme ou presque ; la petite flamme bleue courte qu'on observe au-dessus d'une grille pleine de coke en ignition est due à la combustion de l'oxyde de carbone qui prend naissance dans le foyer. Le feu de coke ne donne pas de fumée.

Pétrole, essence, alcool. — Les combustibles liquides : pétrole, essence et alcool, sont en général peu employés dans les ménages de France.

Le pétrole n'était utilisé que pour un chauffage de courte durée dans les locaux dépourvus de cheminée, ou dans des réchauds de cuisine.

Le pétrole pour le chauffage est, on le sait, beaucoup moins inflammable que l'essence de pétrole. On doit, comme épreuve, pouvoir le chauffer à 25° et en approcher alors une allumette sans qu'il prenne feu.

Le pouvoir calorifique du pétrole varie, suivant son origine, de 10.800 à 11.500. C'est donc un bon combustible.

Ses principaux inconvénients, outre son prix, sont : le suintement de la plupart des appareils, l'odeur qu'ils dégagent et la fumée qui se produit dès qu'il y a le moindre défaut de réglage.

L'emploi, pour le chauffage, de l'*esprit de bois* et de l'*alcool dénaturé* est devenu très onéreux en temps de guerre, ces produits ayant d'autres utilisations. Mais, dans le temps de paix, ce sont des combustibles dont l'usage se répandra sans doute beaucoup.

L'esprit de bois ou alcool méthylique résulte, après diverses opérations, de la distillation du bois en vase clos. L'alcool dénaturé est de l'alcool méthylique (esprit-de-vin) impur, provenant, à la suite de certaines transformations, des grains, des betteraves, des pommes de terre, et additionné d'esprit de bois, de benzine, etc., pour le rendre inutilisable comme boisson et, par suite, exempt d'impôts considérables.

On a préconisé pour l'usage des soldats divers produits nommés alcool solidifié ; c'est une pâte composée de 100 parties d'alcool dénaturé, de 25 à 30 de savon de Marseille et 2 de gomme laque ; ou de 188 d'alcool, 9 de stéarine et 3 de carbonate de soude.

Le pouvoir calorifique de l'alcool dénaturé est d'environ 5.500. Au prix actuel, c'est un combustible à proscrire dans les ménages. Il est d'ailleurs à peu près introuvable, les fabrications de guerre employant tout ce que le pays peut produire.

Gaz. — Le gaz d'éclairage est, on le sait, obtenu par distillation de la houille.

Le pouvoir calorifique du gaz est variable, comme sa composition chimique. En moyenne, la combustion complète de 1 mètre cube de gaz d'éclairage dégage environ 5.300 calories, actuellement 4.500 seulement.

A Paris, où le prix du gaz n'a pas été augmenté, le chauffage au gaz est, actuellement, pour les particuliers, deux ou trois fois moins cher que le chauffage au bois, mais coûte trois fois plus que le chauffage à la houille. En temps de paix, quand la houille valait 60 francs la tonne, la calorie-gaz était cinq fois plus chère que la calorie-charbon.

On peut compter qu'un réchaud à gaz à brûleur annulaire, de bonne fabrication, consomme 200 à 300 litres de gaz à l'heure et permet de porter 1 litre d'eau à l'ébullition (de 10° à 100°), dans des conditions normales, dans une casserole émaillée ordinaire, en dix à douze minutes.

Le chauffage d'un bain (150 litres à 40°) ne doit pas consommer, avec un bon appareil, plus de 1 mètre cube et demi ou 2 mètres cubes de gaz et ne doit pas durer plus de vingt à vingt-cinq minutes en temps ordinaire.

Pour le chauffage des pièces de l'appartement, on peut compter qu'un bon radiateur, pour chauffer une pièce de 50 mètres cubes, consomme 500 à 600 litres de gaz par heure, soit une dépense de 10 à 12 centimes.

En somme, l'utilisation du gaz est économique uniquement pour les chauffes brèves, à cause de sa facilité d'allumage et d'extinction. C'est le combustible de choix pour les cuissons rapides et les chauffages de très courte durée. Dans tous les autres cas, il faut lui préférer la houille ou l'anthracite.

On emploie dans certaines villes, sous le nom de *gaz à l'eau*, un mélange d'hydrogène et d'oxyde de carbone obtenu en faisant passer sur du charbon porté au rouge un courant d'air et de vapeur d'eau.

L'usage du gaz à l'eau est dangereux, en cas de fuite, en raison de la quantité d'oxyde de carbone qu'il contient et de son manque d'odeur. Dans certaines grandes villes, les usines à gaz ont été, dit-on, autorisées à mélanger, pendant la durée de la guerre, une certaine proportion de gaz à l'eau au gaz d'éclairage ordinaire. Le danger est moins grand dans ce cas, mais il est toujours prudent d'éviter les fuites de gaz avec la plus grande vigilance.

Le pouvoir calorifique du gaz à l'eau est très inférieur à celui du gaz d'éclairage ordinaire : 2.600 environ : sa flamme, pauvre en hydrocarbures, est peu éclairante.

Chauffage électrique. — Le chauffage domestique par l'électricité, si propre, si hygiénique soit-il, est encore trop coûteux pour être généralisé, qu'il s'agisse de radiateurs ou d'appareils culinaires.

Dans les meilleures conditions théoriques, en supposant que toutes pertes soient évitées, un hectowatt ne donne que 86 calories. Le chauffage d'un pot-au-feu de 5 litres de 10° à 100° au moyen de l'électricité reviendrait donc à Paris (où le prix de l'hectowatt-heure est de 0 fr. 05) à 0 fr. 26, ce qui, au gaz, coûterait 0 fr. 02. Pour que le chauffage électrique puisse être employé économiquement dans les ménages, il faut que l'hectowatt-heure ne coûte même pas un centime.

COMBUSTIBLES ACCESSOIRES

Les lignites, les tourbes, la sciure de bois et la tannée, qui en temps de paix étaient peu employés, dans quelques localités seulement, à proximité de certains gisements ou de certaines grandes usines, peuvent, lorsque le charbon et le bois sont rares et chers, constituer un assez notable appoint de combustible domestique: nous allons les examiner successivement.

Lignites. — Les lignites sont des charbons beaucoup moins purs que les houilles; leur exploitation était extrêment délaissée en France, sauf dans les Bouches-du-Rhône.

Leur pouvoir calorifique moyen est de 3.500 à 4.000; il s'abaisse parfois à 2.500.

Le principal intérêt des lignites, c'est que l'exploitation, en surface, en est généralement facile, ne nécessite pas une main-d'œuvre spéciale et que son prix de revient est en général assez faible.

Pour l'usage domestique, les meilleurs lignites pourraient actuellement être mélangés au coke dans une proportion que l'expérience de chaque consommateur peut seule déterminer, mais qui ne dépasserait guère un tiers.

On doit surtout envisager les lignites sous forme de briquettes ou de boulets. Ces briquettes, bien agglomérées, brûlent avec une faible flamme et assez peu de fumée. La fabrication en est très active en Allemagne; des industriels essaient de la réaliser en France.

Tourbe. — L'utilisation de la tourbe comme combustible domestique est de date très ancienne, et son exploitation était assez active encore, en France, il y a une cinquantaine d'années. Dans la région de Paris, les tourbières de la Somme, de la Bresles, de l'Essonne alimentaient les foyers des petites villes et des villages voisins de ces tourbières.

On avait même, par distillation, fabriqué du gaz de tourbe, et construit des fours à chaux spéciaux, utilisant uniquement ce combustible.

Le pouvoir calorifique des tourbes employées comme combustibles varie de 3.000 à 4.000.

Il faut utiliser la tourbe sur place, à proximité de la tourbière, tout au plus dans un rayon de quelques dizaines de kilomètres; dans ces conditions, elle peut rendre de grands services, actuellement, en permettant d'économiser la houille pour le chauffage des serres, de certains locaux industriels où la température ne doit pas être très élevée, de certains séchoirs par exemple.

Dans les foyers domestiques, on peut mélanger la tourbe, concassée en morceaux gros comme une noix, avec moitié ou deux tiers de houille ou de coke.

On peut même l'employer dans les salamandres ou les poêles à feu continu, en commençant le feu avec de l'anthracite ou du coke et l'entretenant avec de la tourbe.

Sciure de bois (fig. n° 2). — L'utilisation de la sciure de bois comme combustible domestible de remplacement a été très préconisée et un grand nombre de petits poêles ou réchauds destinés à la brûler ont été inventés et mis en vente.

Ils procèdent tous du même principe et il est facile, dans tout ménage, de construire à peu de frais un *fourneau à sciure.* On prend pour cela un récipient à peu près cylindrique en terre ou en fer-blanc ou en tôle (pot à fleur, réservoir à essence, etc.) et on perce dans la paroi, un peu au-dessus du fond, un trou circulaire; par ce trou on introduit horizontalement un morceau de bois cylindrique (manche à balai, manche de bêche ou, mieux, mandrin cylindrique un peu plus gros); on place d'autre part, verticalement, suivant l'axe du récipient, un morceau de bois cylindrique semblable, jusqu'à la rencontre du premier; puis on remplit le récipient de sciure de bois sèche qu'on tasse fortement. Quand le récipient est plein, on enlève les deux morceaux de bois, vertical et horizontal, il reste dans la sciure une cheminée d'appel coudée.

Le fourneau est près à fonctionner. Pour l'allumer, on introduit un peu de papier enflammé par l'orifice inférieur ou par la cheminée verticale, autant que possible jusqu'au centre. La combustion se propage lentement, régulièrement, autour de la cheminée centrale.

Si le fourneau fonctionne en plein air ou sous une hotte, on n'a pas à se préoccuper du dégagement de la fumée et des divers gaz de combustion. On place sur le récipient un trépied et une marmite. Sinon, il faut le munir d'un couvercle et, à la partie supérieure, d'un tuyau de fumée se rendant à la cheminée.

Le pouvoir calorifique de la sciure, dans son état normal d'humidité, est comparable à celui du bois : 2.000 à 2.500.

Le chauffage à la sciure peut donc être recommandé lorque le prix de cette substance est peu élevé, lorsqu'on se trouve à proximité d'une scierie, par exemple le chauffage à la sciure devient plus coûteux que le chauffage au bois.

La quantité de sciure produite paraît considérable en temps de paix, parce qu'elle s'amoncelle près des scieries; mais, si elle était activement utilisée comme combustible, elle deviendrait rapidement rare et son prix hors de proportion avec son pouvoir calorifique. C'est tout à fait un combustible de fortune; mais il peut être avantageux dans certains cas.

Tannée. — Certaines tanneries livraient autrefois au public, comme combustible, des « mottes de tan ». C'était un chauffage populaire, économique, très apprécié lorsque l'usage du charbon et du coke était moins répandu. On plaçait sur le bois en pleine combustion quelques-unes de ces mottes qui modéraient la combustion.

Parfois même on a utilisé la tannée pour le chauffage dans de petites industries; parfois aussi, on l'a carbonisée pour en faire des agglomérés.

Son pouvoir calorifique est faible, 1.500 environ, inférieur même à celui de la sciure. Elle donne 10 à 15 p. 100 de cendres. 1.000 kilogrammes n'équivalent guère qu'à 200 kilogrammes de houille. C'est donc un médiocre chauffage, à utiliser surtout dans les poêles à bois ou par-dessus un feu de coke ou de charbon dans une grille, peut-être en mélange avec le coke.

Marcs de raisin et de pommes. — Le marc de raisin, abondant dans les pays viticoles, est ordinairement utilisé comme engrais riche en phosphate et en azote, ou comme aliment pour le bétail; mais actuellement on tend à l'employer comme combustible de remplacement, surtout en Bourgogne, et on pourrait en préconiser l'usage dans d'autres régions.

C'est un combustible analogue à la tourbe, mais qui a l'avantage de sécher plus rapidement.

Son pouvoir calorifique serait d'après des mesures

récentes, de 4.400, comparable à celui du lignite. Les cendres constituent encore un très bon engrais.

Dans les pays de cidre, le marc de pomme, quelquefois donné au bétail, ou enfoui comme engrais, reste très souvent sans emploi.

On peut en faire un combustible assez avantageux, en le façonnant en mottes et en le faisant sécher comme le marc de raisin.

Grignons d'olives. — On pourrait peut-être aussi, en Provence, en Algérie et en Tunisie, utiliser d'avantage pour le chauffage domestique les résidus de la fabrication de l'huile d'olive. Les tourteaux ou *grignons* résultant du broyage des fruits, des pressurages et du lavage de la pulpe, forment une sorte de pain riche en matières combustibles qui est parfois brûlé, parfois utilisé comme engrais, et dont le principal inconvénient est de manquer de consistance.

On a proposé d'en confectionner des agglomérés, mais on pourrait sans doute les mélanger au charbon ou s'en servir simplement pour couvrir le feu dans les fourneaux, les poêles ou les grilles.

Déchets de papier. — On a souvent proposé d'utiliser les vieux papiers comme combustible. Leur pouvoir calorifique (4.200 environ, s'ils sont bien secs) est presque double de celui du bois et moitié de celui de l'anthracite, mais ils ne constituent néanmoins qu'un combustible assez difficile à employer. Simplement froissés, ils sont très inflammables, mais occupent un volume considérable pour un faible poids; réunis en liasse; ils brûlent mal.

Le meilleur mode d'utilisation dans les ménages, quand on en possède d'assez grandes quantités, est d'en faire une sorte de pâte en les laissant tremper pendant deux ou trois jours dans l'eau pure ou mieux dans l'eau de lessive qui les désagrège; puis de confectionner avec ce papier humide, en le comprimant simplement au moyen d'une presse assez forte, des galettes carrées ou circulaires de 15 à 20 centimètres de diamètre et de 4 à 6 centimètres d'épaisseur, et de laisser sécher ces galettes à l'air, au grenier par exemple, pendant trois ou quatre mois.

On a recommandé aussi, pour brûler des liasses de papier, d'en faire des rouleaux assez gros, qu'on maintient serrés au moyen de fils de fer, et qu'on place sur le feu comme des bûches de bois.

Ordures ménagères. — Il est possible que l'utilisation des ordures ménagères sous forme de briquettes ou de boulets, que certains industriels ont essayé de réaliser avant la guerre, à proximité des grandes villes, avec plus ou moins de succès, soit un jour largement pratiquée ; mais, pour le moment, on peut surtout recommander aux ménagères des villes d'utiliser tous les déchets, végétaux (épluchures de légumes, etc.) en les brûlant dans des fourneaux de cuisine; c'est une petite économie de combustible et une notable réduction de la quantité de gadoues que les municipalités ont peine à faire enlever chaque jour par suite de la diminution de la main-d'œuvre. A l'exemple des ménagères américaines, elles pourraient prendre l'habitude de séparer les ordures de leur maison dans trois boîtes différentes dont l'une contiendrait tous les déchets végétaux combustibles, une autre les déchets de métal, de verres, etc., et une troisième les cendres.

En somme, actuellement, tous les débris végétaux qui ne sont pas employés comme engrais ou comme aliment pour le bétail doivent être utilisés comme combustibble.

Agglomérés. — Il y a longtemps que les houillères, encombrées d'une grande quantité de fines et de poussier, sont parvenues à les transformer en briquettes et l'usage de ces agglomérés, commodes à empiler dans un petit espace, s'est vite généralisé pour les chemins de fer et la marine; il s'est étendu ensuite au chauffage domestique, et très nombreux étaient les ménages qui employaient avant la guerre, les *briquettes* et les *boulets* de marques diverses. Leur fabrication constitue une industrie particulière et importante que nous ne pouvons décrire ici en détail.

C'est surtout pour la fabrication des agglomérés à domicile que l'ingéniosité des inventeurs s'est exercée depuis la guerre pour remédier à la hausse du prix du charbon.

Le brai et les goudrons étant maintenant difficiles à se procurer, la matière agglomérante qu'on peut employer est soit l'argile, soit le ciment; mais il ne faut pas oublier que ces matières inertes augmentent la quantité de cendres, et que si celle-ci dépasse 15 ou 18 p. 100, la briquette est de qualité très médiocre.

On a depuis longtemps indiqué le mélange de poussier de houille avec 6 ou 7 p. 100 d'argile. On ajoute la quantité d'eau juste nécessaire pour donner du liant à la pâte qu'on malaxe soigneusement, qu'on comprime dans un moule à briques et qu'on laisse sécher à l'air. Une circulaire récente du Service de Santé, *(vue n° 3)* recommande la formule suivante : argile, 1 kilogr. ; eau, 1 kilogr. ; poussier criblé à 15 milimètres, 6 kilogr. La pâte est pilonnée dans des moules de bois; le séchage dure de 6 à 15 jours.

Un procédé analogue consiste à faire une pâte avec 3/4 d'argile très grasse, 1/4 de chaux vive et de l'eau et à mélanger 10 à 15 p. 100 de cette pâte argileuse avec 85 ou 90 p. 100 de poussier de houille ou de poussier de coke. L'addition de chaux a pour but de rendre la combustion plus facile.

On peut également utiliser comme matière agglomérante le ciment (10 p. 100 environ), que certains industriels employaient déjà en temps de paix.

M. Constantin, inspecteur général des services administratifs du ministère de l'Intérieur, *(vue n° 4)* préconise la confection de briquettes composées de : brai, 225 ; terre glaise, 100 ; sciure ou tannée, 450 ; poussier, 225 ; ou encore, sans brai ni goudron : sciure de bois, 70 ; terre glaise, 15; papier réduit en pâte, 15. Ces agglomérés sont faits au moyen d'une presse de fortune représentée ici.

La matière combustible peut être non seulement des poussiers de houille et de coke, mais des tourbes, des sciures, des lignites riches, des grignons d'olive, etc., même des feuilles sèches, des épluchures ou des balayures. Il n'est pas nécessaire que la pression soit très forte (10 kilogrammes suffisent et même moins), mais il est bon de laisser les briquettes dans les moules pendant les premiers jours du séchage.

Beaucoup d'inventeurs ont imaginé des presses à main, souvent un peu faibles, pour ce briquetage domestique des poussiers. Un maillet et un mandrin ou un levier facile à construire suffisent; une presse à copier, une presse à viande, une presse à balancier hors d'usage sont parfaitement utilisables.

Il est bon d'ailleurs de ne pas faire de briquettes volumineuses (elles sèchent moins vite et brûlent moins bien) ou, si cela est possible, de perforer les briquettes destinées à être brûlées dans les cheminées ou les poêles.

L'agglomérant ne doit pas être beaucoup plus inflammable ou beaucoup plus combustible que la matière pulvérulente à agglutiner. Du poussier de houille aggloméré avec une bouillie de tourbe donne des briquettes inutilisables; l'agglomérant brûle, la briquette se désagrège et le poussier tombe sans brûler. Des agglomérés fabriqués avec des grignons d'olive et du brai ont un peu le même inconvénient quoiqu'à un degré moindre.

Utilisation directe des poussiers. — Mais la plupart des ménagères savent utiliser, au moins en partie, les fines et les poussiers, directement, sans les agglomérer. Elles les séparent autant que possible du charbon plus gros et allument le feu avec ce dernier ; quand le feu est bien allumé, elles le couvrent de poussier.

Parfois, plus judicieusement économes encore, elles mouillent le poussier et en font une pâtée avec laquelle elles couvrent le feu ; l'eau qu'elles ont ajouté, si elle n'est pas en quantité trop considérable, loin d'éteindre le feu, l'active; la vapeur d'eau, au contact du charbon rouge, donne en effet des gaz combustibles (hydrogène et oxyde de carbone). C'est un procédé bien connu des forgerons.

Le poussier de coke peut être utilisé très avantageusement de la façon suivante, dans les poêles à combustion continue : on remplit le poêle au tiers ou au quart avec du bon charbon ou du bon coke, comme à l'ordinaire et on finit de remplir avec une bouillie très épaisse faite de 90 p. 100 de poussière de coke, 10 p. 100 de bonne terre glaise, bien malaxés avec un peau d'eau; quand le remplissage est terminé, on pratique, dans cette pâtée épaisse, quatre ou cinq trous verticaux descendant jusqu'en bas, en y enfonçant un morceau de bois, un manche à balai ou une grosse tige métallique. On ferme le poêle comme à l'ordinaire et on allume. Les gaz chauds et la flamme montent par les quatre ou cinq cheminées d'appel ainsi pratiquées, le poussier brûle lentement dans ces cheminées et descend peu à peu comme la sciure, dans le fourneau à sciure. Un poêle ainsi chargé chauffe régulièrement pendant toute une journée.

II. — LES APPAREILS DE CHAUFFAGE

Le problème du chauffage consiste à répandre au mieux des besoins la chaleur produite en brûlant du combustible ou, d'une manière générale en dépensant de l'énergie comme source de chaleur, tout en assurant le tirage du foyer et la ventilation des pièces.

Plusieurs catégories d'appareils existent qui répondent plus ou moins bien aux diverses conditions que nous connaissons maintenant.

Les cheminées assurent un fort tirage et une grande ventilation mais utilisent mal la chaleur produite et sont, par suite d'un mauvais rendement.

Les poêles dégagent plus de chaleur pour une quantité de combustible donnée, mais diminuent la ventilation, et peuvent même, tout au moins dans certains modèles, produire des gaz toxiques ou dégager dans l'atmosphère de la pièce des produits de la combustion.

D'autres appareils n'assurent aucune ventilation, tels que les radiateurs électriques ou de chauffage central. Quelques-uns même, les radiateurs à gaz et les poêles à pétrole sans cheminée, tout en assurant un rendement maximum, sont dangereux par les gaz qu'ils abandonnent dans l'air des chambres chauffées.

Il y a donc lieu, pour chaque catégorie d'appareils, de voir ses caractéristiques, son régime de marche, ses avantages et ses inconvénients et, chemin faisant, les modifications qu'on peut y apporter tant au point de vue de l'économie qu'à celui de l'hygiène.

Cheminées.

Les cheminées sont des appareils à foyer ouvert dans lesquelles on brûle un combustible solide : bois, charbon, coke, etc. Les produits de combustion sont évacués dans un tuyau débouchant sur le toit.

Elles présentent l'avantage d'une grande simplicité de construction et, par suite, d'une faible dépense d'achat.

Elles réalisent un mode de chauffage très agréable, parce que le feu est entièrement visible et qu'on peut rapidement se chauffer, simplement en se rapprochant du foyer.

Elles assurent, quand elles fonctionnent bien, une aération parfaite des pièces, puisqu'elles envoient à l'extérieur au moins 60 mètres cubes d'air par kilogramme de bois brûlé.

Mais elles présentent aussi des inconvénients liés à cette ventilation énergique et qui rendent ce moyen de chauffage peu efficace et très coûteux.

Logées dans le mur, elles ne transmettent la chaleur que par rayonnement ; il faut donc que le feu soit toujours entretenu vif et incandescent. A ce point de vue, la houille et le coke sont préférables au bois.

Les cheminées obligent plus qu'aucun autre appareil de chauffage, à bien régler la combustion et le tirage. Même dans les meilleures conditions, on n'arrive pas pratiquement à utiliser plus de 10 p. 100 de la chaleur dégagée. En temps de disette de combustible, le chauffage par cheminée devrait donc être complètement abandonné.

De plus, le chauffage par cheminée provoque, dès qu'une porte ou une fenêtre ferment mal, des vents coulis froids qui rasent le parquet, refroidissent les pieds et diminuent sensiblement le charme du feu nu.

Les cheminées les mieux construites avancent dans la chambre, de façon que le rayonnement de chaleur soit plus grand; leurs parois latérales et supérieures sont obliques et construites en faïence ou en briques vernissées, le plus souvent de couleur blanche pour la même raison. Le tirage est réglable au moyen d'un tablier qu'on peut baisser plus ou moins, de manière à obliger une quantité variable d'air à traverser le foyer. Enfin, le tuyau de cheminée est relativement petit et ne dépasse pas 30 centimètres de diamètre.

Le détestable rendement des cheminées a conduit beaucoup d'inventeurs à chercher l'utilisation d'une partie de la chaleur qui se perd ainsi. Certains ont établi sur les côtés du foyer des massifs de maçonnerie qui s'échauffent lentement et abandonnent ensuite leur chaleur par conduction. D'autres ont disposé derrière le foyer des chicanes obligeant les gaz chauds à circuler plus longtemps dans la cheminée avant de monter dans le tuyau de fumée.

Les plus répandus de tous ces dispositifs, les plus efficaces, sont les réchauffeurs d'air dont la première idée semble due à Franklin. Sa cheminée pensylvanienne comportait derrière le foyer une caisse incomplètement cloisonnée, s'ouvrant d'un côté en bas hors de la pièce et de l'autre en haut sur le côté de la cheminée. Une circulation d'air pur s'établit dans cette sorte de serpentin chauffé par le foyer et la pièce reçoit ainsi plus d'air chaud.

Des dispositifs basés sur le même principe (*vue n° 5*) sont aujourd'hui couramment employés. Dans tous, on dispose derrière le foyer un tuyau léché par la flamme ou placé immédiatement à la sortie des gaz chauds ; ce tuyau s'ouvre en bas, au ras du sol, et débouche près du plafond ou sur les côtés de la cheminée au-dessous de la tablette ; l'air pur y circule et s'échauffe par conduction et convection, ajoutant ainsi à la chaleur transmise directement par rayonnement du foyer.

Le plus commun de ces dispositifs est l'appareil Fondet constitué par une grille formée de barreaux creux où circule l'air de ventilation, ce qui augmente beaucoup la surface de chauffe, diminue le tirage et récupère une partie de la chaleur perdue dans le tuyau de fumée.

La cheminée Silbermann (*vue n° 6*) en est un des types les plus perfectionnés.

On peut y suppléer assez bien, dans les cheminées qui n'en sont pas pourvues, au moyen d'un appareil de fortune, fait avec des bouts de tuyau (*vue n° 7*).

Certains modèles de cheminée présentent des perfectionnements qui en font des appareils de chauffage voisins des poêles. Des cheminées, elles conservent le feu nu; des poêles, elles ont l'enveloppe métallique chauffante. Par exemple, la grille à coke de la Société du Gaz de Paris comprend un foyer avec grille et cendrier, dont le fond, de courbe étudiée, est à double paroi assurant le chauffage d'air pur arrivant sous le cendrier et sortant au haut de la cheminée. Cette grille se loge tout entière dans la cheminée (*vue n° 8*); les cheminées prussiennes avancent davantage dans la pièce et se rapprochent encore plus des poêles; elles comportent un foyer avec grille et cendrier surmonté d'une cloche d'où part le tuyau de fumée. L'appareil est enveloppé, sauf le devant du foyer, dans une chemise en tôle ou en briques, plus ou moins ornementée, qui aspire l'air froid au-dessous du cendrier et le dégage chaud par des bouches de chaleur supérieures.

De ces dernières cheminées aux poêles, il n'y a plus qu'un pas, l'enveloppement du foyer lui-même.

Poêles.

Les poêles sont des appareils de chauffage de beaucoup supérieurs aux cheminées. Leur foyer est clos et communique avec la cheminée par un tuyau dont on peut faire varier la longueur,

Si leur aspect est moins agréable et moins décoratif, parce que le feu y est peu ou pas visible et qu'ils forment une masse sombre dans le décor de l'appartement, par contre ils utilisent beaucoup mieux la chaleur dégagée par la combustion, puisqu'ils permettent des rendements de 60 p. 100. Cette économie du combustible est due en partie à la diminution du tirage, et en partie aussi à la conduction par la masse de l'appareil et par les tuyaux qui amènent à la cheminée des gaz ayant déjà abandonné la plus grande partie de leur calorique. De plus, les poêles fument plus rarement que les cheminées. On leur reproche de dessécher l'air, défaut auquel on remédie en maintenant sur le poêle une large surface d'eau qui s'évapore.

Beaucoup de poêles sont formés d'une simple enveloppe de fonte dont l'intérieur est divisé en deux parties inégales par une grille séparant le foyer du cendrier. Le chargement en combustible se fait par un orifice, fermé par une porte ou des cercles concentriques en fonte ; le cendrier est muni d'un tiroir qu'on ouvre plus ou moins pour régler le tirage et qui reçoit les cendres.

Le tuyau de fumée se fixe sur un raccord en fonte, vers la partie supérieure. Les formes de ces poêles sont très variées ; certains, dits de corps de garde, sont en forme de cloches ; d'autres, destinés surtout aux petits logements où l'on fait la cuisine en se chauffant, ont une surface supérieure plane permettant d'y poser des plats et des casseroles ; certains sont munis d'un four. Pour les grandes salles, on a imaginé des poêles de fonte à ailettes augmentant la surface de conduction (poêle Gurney), d'autres à réservoir de combustible rendant le chargement moins fréquent (poêle Phénix).

Les poêles de fonte ont un inconvénient : si le feu devient trop vif, l'enveloppe rougit, les poussières qui s'y déposent brûlent alors en donnant de mauvaises odeurs. Mais ils ont l'avantage d'être peu coûteux et de chauffer très économiquement.

La fonte est remplacée par la tôle dans certains poêles

destinés à brûler le bois, la tourbe, etc. (*vue n° 9*). Ces appareils s'échauffent et se refroidissent vite à cause de la de leurs parois. Un modèle de ce genre a paru récemment (poêle GUILLERY).

Certains poêles ont une enveloppe de faïence, de briques ou de terre réfractaire; on en trouve fréquemment dans les salles à manger et dans les préaux d'école, classes, salles de réunion et autres lieux ou peuvent se rassembler beaucoup de personnes. Leur aspect est plus décoratif et plus gai que celui des poêles en fonte. Ces poêles, qui s'échauffent lentement, se refroidissent de même, de telle façon qu'ils peuvent, ayant été allumés à l'avance, donner assez longtemps une température agréable. Ils n'ont pas, non plus, l'inconvénient des poêles en fonte de dégager de mauvaises odeurs ou des gaz toxiques. Par contre, ils sont un peu moins économiques, à cause de leur faible conduction.

Beaucoup de ces poêles en matériaux réfractaires sont construits de manière à créer une circulation d'air autour du foyer; on leur donne alors le nom de poêles-calorifères. Les modèles en sont nombreux, et ne diffèrent que par des détails de construction; dans tous, l'air froid est appelé sous le cendrier, monte le long du foyer où il s'échauffe et s'échappe par des bouches de chaleur disposées à la partie supérieure, généralement sous le couvercle.

La recherche des perfectionnements à apporter à la construction des poêles a conduit à imaginer les poêles mobiles, appareils à combustion lente et à résevoir de combustible (*vue n° 10*). Ces appareils sont étudiés pour avoir un très faible tirage grâce à la petitesse des orifices d'entrée et de sortie de l'air du foyer; ils possèdent un magasin de combustible qui permet de ne les recharger qu'à longs intervalles, tout en maintenant un feu continu; leur grille est mobile et se compose de deux parties, l'une ayant un mouvement circulaire, l'autre de va-et-vient qui assure la chute des cendres et même des mâchefers, nécessaire dans une marche continue. Divers modèles ont été construits, dont les plus connus sont le poêle Choubersky, le poêle Cadé, la Salamandre. Cette dernière est à feu visible et a l'avantage d'un faible encombrement.

On a beaucoup attiré l'attention sur l'avantage des poêles mobiles de pouvoir être transportés d'une cheminée dans une autre, afin de chauffer successivement différentes pièces; mais cette installation dans n'importe quelle cheminée n'est pas sans danger. En effet, à cause de leur feu très ralenti, ils peuvent dégager de l'oxyde de carbone et, le tirage étant très faible, le moindre trouble peut le renverser et ramener les gaz brûlés dans la pièce, y accumulant l'oxyde de carbone et provoquant l'asphyxie. Aussi est-il prudent de ne jamais les installer dans les chambres à coucher, de s'assurer que les cheminées où on les installe tirent bien, de fermer hermétiquement l'orifice de chargement du combustible et de ventiler chaque fois qu'on a été obligé de l'ouvrir.

Par contre, les poêles mobiles ont un excellent rendement qui peut aller jusqu'à 80 p. 100.

Calorifères. (Vue n° 11.)

Les calorifères sont des appareils de chauffage tels qu'avec un seul foyer on peut chauffer plusieurs pièces plus ou moins distantes ou tout un immeuble. On voit immédiatement les avantages qui en résultent : plus de transports de combustible à divers étages et à travers diverses pièces ; plus de voyages inverse des cendres, d'où diminution de la poussière ; un seul foyer à charger et entretenir, d'où économie de travail ; enfin le rendement est satisfaisant, puisqu'il est communément de 50 p. 100 et peut atteindre 75 p. 100.

Quel que soit le mode de chauffage employé, un calorifère comporte un foyer, le plus souvent en maçonnerie, dont les gaz brûlés s'échappent par un tuyau de fumée vertical ou horizontal.

Si l'on chauffe par l'air chaud, on dispose autour du foyer et du conduit de fumée une enveloppe dans laquelle circule l'air pris froid à l'extérieur, qui s'y échauffe et monte ensuite jusqu'aux bouches de chaleur ouvrant dans les différentes chambres. Très simple de construction, le chauffage par l'air chaud a l'inconvénient de distribuer un air trop sec, si l'on a pas le soin de l'humidifier fortement sur son parcours ; de plus, si une fissure se produit dans le foyer les gaz brûlés viennent se mélanger à l'air pur des conduits et sont distribués dans les pièces où ils peuvent être cause d'asphyxie. Aussi les calorifères à air chaud ne sont-ils jamais à choisir, quand on décide du mode de chauffage central d'une maison.

Le chauffage par circulation d'eau chaude ou de vapeur d'eau n'a pas ces inconvénients et doit toujours être préféré. Dans ces disposifs, le foyer est coiffé d'une chaudière étudiée pour capter la plus grande quantité possible de la chaleur, tout en occupant peu de place. La chaudière est remplie d'eau qu'on porte à l'ébullition, dans le cas de chauffage par la vapeur. Des tuyaux de distribution partant de la partie supérieure de cette chaudière conduisent l'eau ou la vapeur chaudes dans les pièces à chauffer; elles y traversent des radiateurs à grande surface qui transmettent la chaleur à l'extérieur des appareils; puis la vapeur condensée ou l'eau refroidie retournent à la chaudière où elles arrivent vers le bas.

Les calorifères à eau chaude sont d'un coût d'installation élévée, d'une conduite assez délicate : ils craignent la gelée et peuvent produire, en cas de rupture ou de fuite, une véritable inondation; par contre ils donnent une chaleur douce et régulière fort agréable. Les calorifères à vapeur d'eau sous basse pression sont préférables parce que de conduite facile et de marche aisément réglable.

Au chauffage central des immeubles en location, on substitue parfois le chauffage central par appartement qui laisse à l'occupant la liberté de régler sa dépense de combustible et la température qu'il desire.

Chauffage par les combustibles liquides. (Vue n° 12.)

Le chauffage par les combustibles liquides a l'avantage de ne laisser aucun résidu encombrant. Le réservoir de combustible peut avoir une forme quelconque; son chargement est facile; l'emmagasinage, plus commode que celui du charbon, exige un moindre espace.

Divers modèles de poêles à pétrole ont été imaginés qui évitent la flamme blanche fuligineuse du pétrole liquide en le vaporisant avant de l'enflammer.

Plusieurs modèles présentent, au-dessus du foyer, une table chauffante en métal poli qui brise le courant d'air chaud vertitical et rayonne la chaleur dans toutes les directions; malheureusement la plupart n'ont pas de tuyau d'échappement des gaz brûlés; ils compensent ainsi leur grand rendement par un défaut de ventilation et une altération rapide de l'atmosphère; aussi ne convient-il d'employer ces appareils que pour un chauffage très bref, tel que celui d'un cabinet de toilette, et faut-il les proscrire absolument pour le chauffage ordinaire d'une certaine durée. Enfin, le moindre trouble de marche se traduit par une odeur désagréable et par une fumée très salissante.

Chauffage par le gaz. (Vue n° 13.)

Le chauffage au gaz est un des plus séduisants, sinon des plus économiques. Pas d'encombrement de combustible, pas de résidus à enlever, aucun entretien; du feu quand on en désire, immédiatement, aussi fort ou aussi faible qu'on le veut, par la simple manœuvre d'un robinet. C'est presque l'idéal du chauffage. Malheureusement, ce gaz contient 50 p. 100 d'hydrogène; en brûlant, il forme donc une grande quantité de vapeur d'eau qui va se condenser en abondance sur les parois froides de la pièce ou s'en va, emportant sa chaleur de vaporisation, qui est notable, dans la cheminée. Et puis ce chauffage est beaucoup plus coûteux que celui au charbon. Nous avons vu en effet que le mètre cube de gaz en brûlant, ne dégage guère actuellement que 4.500 calories; il faut donc près de 2 mètres cubes de gaz pour chauffer autant qu'un kilogramme de charbon à 8.000 calories; même au prix de Paris de 0 fr. 20 le mètre cube, inférieur à celui de la plupart des villes, le gaz ne peut concurrencer que du charbon à 330 francs la tonne; nous n'en sommes pas encore là !

En réalité, le chauffage au gaz ne peut s'opposer au chauffage au charbon, mais bien le suppléer dans des conditions particulières, notamment quand il s'agit de chauffer rapidement et pendant peu de temps un certain espace; dans ces cas, il devient préférable, et par sa commodité et parce qu'il ne dépense de combustible que pendant le temps de chauffage strictement nécessaire.

Les foyers à gaz reproduisent les divers foyers à charbon; on leur a donné les formes de cheminées, de poêles, de calorifères, en utilisant le rayonnement de la flamme ou la conduction des parois ou la convection de l'air. Ils sont généralement d'un très faible encombrement.

On y fait brûler le gaz en flamme blanche ou en flamme bleue; on se sert aussi de cette dernière pour rendre incandescents et rayonnants des flocons d'amiante ou des manchons de thorium ou des tubes en terre réfractaire.

Le rendement est peu influencé par la nature de la flamme; les dispositifs de rayonnement de la chaleur ont toujours un gros intérêt.

Beaucoup de petits appareils n'ont pas de tuyau d'échappement des gaz brûlés; ils dégagent ceux-ci dans la pièce, y produisant une grande quantité d'acide carbonique et une abondante condensation de vapeur d'eau. Aussi ne peut-on les tolérer que pour un chauffage rapide et bref.

On a réalisé des calorifères et même des chaudières de chauffage central au gaz, avec tuyau d'échappement. Ces appareils font payer l'avantage d'un faible encombrement, d'une marche très simple et d'un entretien facile par une élévation marquée du coût des calories produites.

Chauffage électrique. (Vue n° 14.)

Ce que nous venons de dire du chauffage au gaz s'applique encore plus au chauffage électrique, à cette différence près qu'ici il n'y a plus de produits de combustion à évacuer.

Un hectowatt fourni 85 calories toutes utilisables; il équivaut donc seulement à 10 grammes de charbon; or il coûte à Paris 0 f. 05 sur le circuit d'éclairage, et généralement de 0 fr. 015 à 0 fr. 03 sur la distribution de force. La concurrence avec le charbon est donc impossible.

Par contre, le chauffage électrique a tous les agréments; Il est instantané, aussi souple qu'on le désire, propre, hygiénique, sans encombrement ni poussière, il laisse l'atmosphère intacte et ne demande aucun soin.

On a réalisé divers appareils produisant la chaleur au moyen de lampes à gros filaments ou de simples résistances métalliques: la chaleur y est rayonnée par des réflecteurs, souvent en métal poli, de forme parabolique.

Il n'y a pas lieu de s'étendre sur ce mode de chauffage qui doit être actuellement supprimé par raison d'économie, même si l'on possède les appareils nécessaires, sauf dans les régions où l'énergie électrique est produite sans dépense de combustible et se vend à un prix tellement bas que la calorie d'origine électrique ne coûte pas plus que celle obtenue par la combustion du charbon (LUMIÈRE).

Rendement des divers appareils.

Cette courte description des divers appareils de chauffage suffit à faire comprendre qu'il n'est pas indifférent de brûler son combustible n'importe comment et n'importe où. Elle nous apprend que le rendement varie beaucoup selon l'appareil et son installation. Précisons donc cette notion du rendement, avant de voir ses fluctuations et les moyens de l'augmenter au maximum.

Le rendement d'un appareil est le rapport du nombre de calories utilisées pour le chauffage de la maison au nombre de calories dégagées par le combustible en brûlant. Ce rendement varie avec chaque appareil et aussi avec la marche de la combustion. Généralement les chiffres qu'on en donne sont établis pour une marche bien réglée et même perfaite quand c'est le constructeur de l'appareil qui les fournit.

Le tableau suivant réunit les données à ce sujet :

APPAREILS		COMBUSTIBLE	RENDEMENT p. 100
Cheminée	ordinaire	Bois.	1-5
	ordinaire	Coke ou houille.	3-5
	grille	Coke ou houille.	5-10
	avec appareil Fondet.	Coke ou houille.	15-20
Poêle	fonte	Houille.	20-40
	calorifère	Coke ou houille.	50-60
	mobile	Anthracite.	60-70
Chauffage central		Houille	50-60
Radiateur	avec tirage	Gaz.	70
	sans tirage	Gaz ou pétrole.	90-100
Chauffage électrique			100

Ces données associées à celles que nous avons précédemment acquises sur les combustibles, permettent de prévoir son approvisionnement, sa dépense, les possibilités de chauffage dont on dispose en temps de rationnement.

III. — LA COMBUSTION

Nous venons d'examiner le problème du chauffage domestique dans ce que nous pourrions appeler ses conditions normales. Nous avons parlé des divers appareils en supposant qu'ils marchent bien, que leur état d'entretien est parfait et que le feu y est toujours réglé au mieux.

Mais le rendement du meilleur appareil peut être détestable si la combustion n'y est pas bien réglée, et l'on sait, dans l'industrie tout au moins, combien la conduite des feux a d'importance et est délicate. Avec le même foyer et le même combustible, on a pu constater, dans des concours entre chauffeurs professionnels, des écarts de rendements atteignant 40 p. 100. Que donnerait un concours entre maîtresses de maison ou entre domestiques chargées de conduire un même appareil? Sans prétendre régler la marche des foyers de nos maisons avec la même rigueur que les foyers industriels, il peut être cependant utile de se rendre compte de la meilleure allure de combustion et des principales erreurs qu'il faut éviter. « *Comme on fait son feu, on se chauffe.* »

L'allumage.

L'allumage est obtenu généralement en préparant sur la grille du papier, puis au-dessus du bois ou du charbon de bois et enfin une mince couche de combustible : houille, anthracite, ou coke. On a ainsi étagé des substances s'allumant à des températures de plus en plus élevées et l'on va utiliser la chaleur dégagée successivement par chacune d'elles pour échauffer et enflammer la suivante. Pour celà on enflamme le papier en plusieurs points et l'on force le tirage, soit en baissant le rideau de la cheminée, soit en ouvrant en grand le tiroir du poêle.

Si ce dernier est insuffisant, le feu ne gagne pas jusqu'au haut; si les proportions de papier et de bois sont trop faibles, ils sont consumés avant d'avoir allumé le charbon. Dans les deux cas, il faut recommencer avec de nouveaux allume-feu.

On peut faciliter le tirage au début en échauffant le conduit de fumée au moyen d'un journal froissé qu'on brûle au-dessus du foyer avant d'allumer le feu.

On trouve dans le commerce des bûchettes résineuses et d'autres produits préparés pour brûler un certain temps en dégageant beaucoup de chaleur, mais leurs prix actuels les rend onéreux.

Nous ne parlons pas de l'allumage par des chiffons imbibés d'essence ou de pétrole. L'essence manque et ne doit pas être ainsi gaspillée, ni les chiffons non plus.

Il faut bien se rendre compte que l'allumage est toujours une opération coûteuse, surtout si elle se répète tous les jours.

Dans tous les cas où l'on ne désire pas un chauffage très bref, il y a donc économie à maintenir le feu allumé d'une façon permanente. Cette question est résolue sans difficulté dans les appareils à réserve de combustible tels que les poêles et les calorifères à feu continu; Dans les cheminées, l'entretien continu du feu est plus délicat; on le conserve assez longtemps à faible allure en le recouvrant de cendres qui opposent une certaine résistance au passage de l'air et ralentissent le tirage; on peut ainsi conserver du feu allumé depuis le soir jusqu'au lendemain matin.

La combustion.

La combustion est essentiellement une réaction chimique dégageant de la chaleur. Elle exige un combustible déjà enflammé qui reçoit de l'oxygène de l'air et abandonne des gaz brûlés, n'ayant plus de qualités comburantes. Ceci est réalisé dans le foyer, qui est traversé par l'air et évacue la fumée dans la cheminée.

Le foyer est constitué par une grille sous laquelle arrive l'air et sur laquelle repose le combustible.

La grille est inutile quand le combustible est en très grosses masses, telles que des bûches de bois; dans ce cas des chenets de 8 à 10 centimètres de hauteur suffisent.

La grille doit être chargée fréquemment et par petites quantités à la fois. Dans l'industrie, on va, pour obtenir un bon rendement, jusqu'à charger le foyer toutes les cinq minutes; on ne peu opérer ainsi dans un foyer domestique qui n'a pas de chauffeur attitré, uniquement occupé du feu. D'ailleurs l'ouverture trop fré quente de l'orifice de chargement des poêles serait une cause de refroidissement et par conséquent de perte de rendement.

Mais il faut éviter de vider d'un seul coup dans le foyer autant de combustible qu'il en peut contenir. En faisant ainsi on refroidit beaucoup la masse en combustion et surtout on produit pendant un certain temps une grande quantité d'oxyde de carbone, l'acide carbonique formé au bas du foyer se combinant au charbon chaud des couches supérieures et l'entraînant dans la cheminée en pure perte. On admet que l'épaisseur du combustible ne doit pas dépasser 7 à 12 centimètres avec les houilles grasses, 15 avec les houilles maigres. Il est économique que les flammes traversent constamment toute la masse et paraissent à la partie libre supérieure. Nous verrons plus loin, à propos du chauffage culinaire, quelle erreur on commet souvent à ce sujet dans les fourneaux.

Le feu doit être aussi égal que possible dans toutes les parties du foyer. Il importe notamment que le mélange de l'air et du combustible soit partout aussi intime que possible. Sinon, il se produit des larges cheminées où tout l'air passe, en grand excès, et partout ailleurs il est insuffisant, d'où production d'oxyde de carbone, les deux actions ayant la même conséquence, une perte de rendement. Quand le feu devient inégal, il est bon de le régulariser en tisonnant.

Le feu doit être conduit à bonne allure pour que la combustion soit toujours complète et que sa température soit constamment la plus élevée possible. Il ne doit jamais se produire ni suie, ni fumée visible, puisque toutes deux sont du combustible qui s'envole sans chauffer.

En résumé, charger souvent, pas trop à la fois,

conduire le feu à bonne allure, l'égaliser le plus possible l'empêcher de fumer sont les principes d'une bonne utilisation du combustible.

Le mélange d'air et de gaz de combustion qui sort du foyer doit être évacué au dehors. Pour cela, l'appareil de chauffage est généralement placé dans la cheminée ou relié à celle-ci par un tuyau plus ou moins long et la cheminée se continue par un conduit de fumée qui monte à travers la maison dans l'épaisseur d'un mur ou le long de celui-ci, jusqu'au-dessus du toit, où il débouche à l'air libre.

Les cheminées montent généralement à travers la maison, les unes à côté des autres, et débouchent sur le toit, groupées sur une souche commune. On les couronne assez souvent d'une mitre en poterie ou d'un chapeau en tôle ou même d'appareils mobiles facilitant le tirage.

Il est intéressant de connaître les causes les plus fréquentes du mauvais tirage des cheminées, défaut qui se manifeste par le refoulement des gaz brûlés dans les appartements. En effet, lorsque ces gaz contiennent des fumées, ils salissent tout, couvrant de suie les murs et les objets; ils font tousser et obligent à ouvrir les fenêtres, annulant ainsi l'effet du feu; leur danger devient grave quand ils sont invisibles et inodores parce qu'alors ils peuvent provoquer un début d'asphxie, avant qu'on se soit rendu compte de leur arrivée par le foyer.

Une cheminée *(vue n° 16)* tire mal quand le courant d'air qui la traverse (expérience de Franklin) se renverse, malgré le feu, et que l'air, entrant par l'orifice du toit, débouche dans la pièce à travers l'appareil de chauffage. Cet accident, suivant les cas, est seulement fortuit, ou bien il se répète, obligeant à renoncer à l'usage de la cheminée. Franklin, au XVIIIe siècle, s'est livré à une étude très complète des causes de l'arrivée de fumée par le foyer. Nous allons indiquer les principales, en même temps que les moyens d'y remédier.

Une cheminée peut fumer par vice de construction.

Dans les maisons neuves, aux murs humides, portes et fenêtres gonflées et bien ajustées, l'entrée d'air dans la chambre est insuffisante pour compenser la sortie par la cheminée et, la circulation d'air ne pouvant s'établir, le feu ne prend pas ou s'éteint, il fume dans la pièce. On se rend compte de ce défaut en ouvrant légèrement une fenêtre; aussitôt la fumée repart dans la cheminée et le feu se ravive... jusqu'à ce que la fenêtre soit de nouveau fermée. Dans les maisons modernes, on évite ce défaut en réservant sous les planchers des conduites d'amenée d'air; au cas où ce dispositif n'existerait pas, il est facile de créer un orifice d'entrée systématique pour l'air extérieur en perforant une vitre, et y adaptant une ventouse, ou en diminuant les dimensions exagérées du foyer, ou mieux encore, en ce moment, en substituant un poêle ou une cheminée-poêle à la cheminée à grille, et en diminuant ainsi le tirage, ce qui aura en outre l'avantage d'une augmentation de rendement.

Si la cheminée est trop peu profonde *(vue n° 16)*, ce qu'on rencontre quelquefois dans des immeubles récents où l'architecte, se fiant au chauffage central, a eu le tort de ne considérer les cheminées que comme des motifs d'ornementation, on peut avoir la désagréable surprise, quand le calorifère ne fonctionne pas, de découvrir que les cheminées fument parce que le feu est trop en avant, le remède dans ce cas est encore de substituer à la grille un poêle dont le tuyau s'emboîtera dans le conduit de fumée.

D'autres fois, la cheminée est trop vaste, l'architecte ayant étudié son effet décoratif plus que son bon fonctionnement ; elle exigerait, pour que le tirage s'établisse et se maintienne, un volume d'air trop considérable; il s'y fait alors des remous et une partie de la fumée peut sortir dans la pièce; on s'en rend compte en diminuant ses dimensions au moyen de planches qu'on déplace en hauteur et en largeur jusqu'à ce que la fumée reprenne son chemin normal, mais on n'y porte remède qu'avec le concours du maçon, à moins que, là encore, on ne se décide à remplacer la grille par un poêle.

Il arrive que deux cheminées placées dans des pièces voisines, le long des murs les plus éloignés, ne peuvent être allumées simultanément; quand l'une tire bien, l'autre fume et quelquefois réciproquement *(vue n° 17)*. Cela tient à ce que ces pièces sont insuffisamment ventilées et que le feu le plus vif appelle l'air pur par l'autre conduit. L'ouverture d'orifices dans les vitres ou les murs y remédie sûrement.

Le refoulement peut aussi être dû aux conduits de fumée, Ces conduits peuvent être bouchés, dans une maison neuve, parce qu'on a oublié un carreau de plâtre ou quelque autre obstacle dans la cheminée, dans les vieilles maisons parce que les tuyaux vétustes se sont effondrés, en un point, ou encore tout simplement parce qu'un oiseau a choisi, l'été précédent, l'orifice pour y faire un nid confortable... pour lui.

La première recherche à pratiquer, quand on ne réussit pas à allumer de feu dans une cheminée, est de faire venir le fumiste ou le ramoneur pour s'assurer que la voie est libre.

Il arrive encore qu'une cheminée fume, bien qu'aucun feu n'y soit allumé. Chose toujours grave qui dénote que le conduit de fumée est crevé. La fumée provient d'un autre foyer allumé ailleurs dans la maison et dont le conduit, également crevé, s'ouvre dans celui qui fume, le tirage se faisant par cet orifice de rupture.

Sous menace d'asphyxie, il faut sans délai chercher la blessure et la fermer. Le propriétaire est d'ailleurs responsable des conséquences d'un tel accident.

La fumée pourrait encore être due à un conduit trop étroit ou trop large; les deux ont le même inconvénient de diminuer et même de supprimer le tirage, le premier par trop grande résistance, le second par trop grand refroidissement et formation de remous. Mais depuis longtemps, les foyers domestiques ont tous des dimensions à peu près uniformes et l'entrepreneur ne commet pas d'erreur de cette sorte, puisqu'il emploie pour la construction des tuyaux, des poteries ou des briques moulés et calibrés.

Les foyers des étages supérieurs fument plus facilement que ceux du bas de la maison parce que leurs conduits sont plus courts. Il arrive que les cheminées des chambres situées immédiatement sous le toit ne tirent pas du tout, ou ne tirent que le tablier complètement baissé, c'est-à-dire sans chauffer. Cela tient à ce que la hauteur de la colonne de gaz chauds est si courte qu'elle n'a pas la force suffisante pour vaincre les résistances à la sortie, notamment celles dues au au vent. On y remédie en partie au moyen d'appareils fumivores dont nous parlerons plus loin, ou mieux en surélevant la cheminée par un tuyau de tôle.

La fumée peut encore provenir de la position de l'orifice du conduit sur la toiture *(vue n° 18)*. Quand la cheminée de s'ouvre pas au-dessus de la partie la plus élevée du toit, quand elle est dominée par d'autres édifices ou par une éminence quelconque : mur, talus, falaise, etc., le tirage en est troublé dès qu'il y a du vent. Que le vent souffle de la crête vers la cheminée ou inversement, l'obstacle qu'il rencontre crée des remous, des tourbillons qui tantôt activent le tirage et tantôt le contrarient, refoulant la fumée dans la maison. Le plus sûr dans ce cas est d'allonger les tuyaux de façon qu'ils surpassent ou égalent la crête qui les dominait, du moins si la hauteur de celle-ci est minime, car autrement on tomberait sur une nouvelle difficulté du fait que le tuyau trop long refroidit assez les gaz pour faire cesser le tirage.

A ces causes constantes, il faut en ajouter quelques autres fortuites, tenant aux conditions de l'atmosphère, à sa température, à sa pression, à son humidité, au vent.

Plus l'air extérieur est froid, plus la cheminée tire bien, puisque la densité des gaz chauds est alors moindre par rapport à l'air *(vue n° 19)*. C'est là une observation banale que beaucoup de personnes font sans bien se l'expliquer.

De même, il est difficile d'allumer du feu quand la cheminée est plus froide que l'air de la pièce, ce qui se produit en été lorsque le soleil frappe sur le mur opposé à celui où passent les conduits de fumée, ou encore lorsque, après le dégel ou à la fin de l'hiver, l'air extérieur est plus chaud que celui d'une maison sans feu. On surmonte souvent cette résistance en brûlant du papier dans la cheminée, pour l'échauffer, avant d'allumer le feu.

Le tirage diminue quand la pression barométrique baisse. Les cheminées fument donc plus facilement à la fin d'une période de beau temps.

L'humidité de l'air extérieur a le même effet, si bien

qu'une cheminée à faible tirage pourrait servir à la connaissance du temps, fumant par les temps doux et humides, tirant par les temps froids et secs.

L'agent atmosphérique qui agit le plus sur le tirage est le vent. Il peut souffler non seulement dans toutes les directions horizontales, mais aussi, au voisinage du sol et des maisons, dans toutes les directions verticales. Les vents plongeants refoulent la fumée et arrêtent tout tirage.

Pour éviter ces effets du vent, on termine les cheminées par un court tuyau en poterie, généralement plus étroit que le conduit de fumée et qu'on appelle mitre *(vue n° 20)*. Sa section, plus petite, augmente la vitesse de sortie des gaz. Souvent, les mitres sont recouvertes par un chapeau qui les protège contre la pluie, les vents plongeants et l'échauffement dû au soleil; la fumée sort alors latéralement et le tirage devient plus régulier. On construit aussi des tuyaux en tôle dont la partie supérieure courbée à 90° peut tourner autour de la partie fixe sous l'influence d'une girouette actionnée par le vent; l'orifice de sortie est ainsi toujours opposé au vent et celui-ci, de quelque côté qu'il souffle, favorise le tirage; le défaut de ces appareils est qu'ils finissent par se rouiller et cessent d'être mobiles. On a imaginé pour remédier à cet inconvénient, un grand nombre d'appareils dits fumivores ou ventilateurs dont le cliché que vous avez sous les yeux représente quelques types simples, faciles à construire; tous fonctionnent en empêchant le vent d'entrer dans la cheminée ou en l'orientant de manière à augmenter le tirage.

Mais la meilleure manière d'empêcher les cheminées de fumer est toujours de remplacer les grilles par des poêles qui ont un tirage plus régulier et moins influencé par les variations météorologiques extérieures. Répétons qu'on y gagnera d'avoir plus chaud en brûlant moins de combustible, ce qui est la question essentielle en ce moment.

Ne quittons pas les cheminées sans dire un mot du ramonage. Quel que soit le combustible dont on dispose, il se produit toujours dans les tuyaux des condensations qui collent à la paroi les poussières entraînées. Ces condensations sont surtout abondantes avec les bois résineux et les houilles grasses qui distillent des goudrons. Peu à peu, les tuyaux se recouvrent d'un enduit noir, combustible, qui peut s'enflammer sous l'action des flammèches parties du foyer, provoquant un feu de cheminée.

Il est donc sage de ne pas négliger de faire ramoner ses cheminées ; c'est, moyennant une très petite dépense, s'assurer contre le risque de gros dégâts et de forts dommages à payer en cas d'incendie.

IV. — LE CHAUFFAGE CULINAIRE

Imaginons un instant que nous nous trouvions devant un repas composé de viande crue, de lentilles sèches, de riz en grain et de poudre de café moulu. Nous serions presque aussi empêchés de manger que si nous n'avions aucune nourriture. Cette simple supposition nous fait comprendre pourquoi, de temps immémorial, l'homme cuit la plupart de ses aliments.

La cuisson ramollit et désagrège mécaniquement certaines substances, les enveloppes des graines éclatent, les masses farineuses se mouillent et se gonflent; la digestion en est facilitée.

La cuisson favorise le mélange des ingrédients introduits dans la cuisine; par exemple, grâce à elles les graisses fondent et s'incorporent aux autres produits.

La cuisson a encore un effet chimique sur beaucoup d'aliments. Elle fait éclater les grains d'amidon des farineux qu'elle transforme en dextrine et sucres beaucoup plus digestibles; elle ramollit et gélatinise certaines parties coriaces des viandes; elle coagule les albumines et, dans le rôtissage, forme à la surface de la viande une enveloppe imperméable sous laquelle se développent des aromes savoureux.

Elle dégage des odeurs et des saveurs excitant l'appétit.

Enfin, si elle est portée assez longtemps à 100°, elle détruit les microbes et les germes qui pullulent toujours à la surface et même dans l'intérieur de nos aliments et dont certains peuvent être des plus dangereux.

Ajoutons, pour être complet, que nous avons l'habitude de consommer beaucoup de nos aliments chauds, c'est-à-dire à 40 ou 50°, et que des estomacs vigoureux seuls peuvent supporter des repas entièrement froids.

Sans cuisine, nous ne saurions nous nourrir; c'est donc une nécessité de tous les jours de faire du feu pour cuire notre nourriture, été comme hiver.

La quantité de chaleur exigée par cette cuisson est d'ailleurs très variable selon les mets. Elle dépend de leur volume : c'est ainsi qu'un pot-au-feu demande plus de chaleur qu'une tasse de thé, un plat de haricots pour dix personnes que pour une seule. Elle dépend aussi des modifications chimiques qu'il faut accomplir et de leur vitesse d'action : un rôti cuit plus vite qu'un bouilli, un légume vert qu'un légume sec, une infusion qu'une décoction.

Les ménagères connaissent bien les temps de cuisson que l'on indique dans les livres de cuisine, mais il faut y ajouter, pour les aliments qui demandent à être introduits directement dans un four chaud ou dans l'eau bouillante, le temps d'échauffement préalable du milieu. Cette notion de la durée de cuisson a une grosse importance, car telle substance qui, crue, revient à très bon marché, mais qui demande plusieurs heures de chauffage, arrive à coûter, cuite, plus cher qu'une autre à première vue moins économique.

La question du chauffage culinaire se pose exactement comme celle du chauffage des appartements, et même d'une manière plus simple encore, puisqu'il n'est plus besoin de ventilation ni d'air pur.

Nous avons vu à propos du chauffage domestique,

qu'une fois la température désirée obtenue, il n'y a plus à produire de chaleur que pour compenser les pertes.

En cuisine il en est de même. Une fois la température d'ébullition ou de rôtissage obtenue, il n'y a plus à fournir de chaleur qu'autant qu'il s'en perd par les orifices et les parois et surtout par l'évaporation de l'eau. Mais cette fois, le volume à chauffer est petit. Il est aisé de le bien clore et même de l'enfermer dans une enveloppe tout à fait isolante. C'est ce que réalise la marmite norvégienne. On supprime ainsi toutes les fuites de chaleur; il n'y a plus besoin d'apporter de nouvelles calories et l'on peut prolonger la cuisson sans feu.

La casserole ou la marmite, s'échauffant, émet par rayonnement de la chaleur vers l'extérieur, d'autant plus qu'elle est plus noire et moins polie. Une casserole brillante en perd peu, une cocotte de fonte noire beaucoup. Il y a donc profit à astiquer sa batterie de cuisine.

L'air échauffé au contact du foyer monte tout autour, du récipient et l'échauffe à son tour. Il y a avantage, pour que ces courants chaufs lèchent bien les parois, à ce que le foyer soit plus petit que le vase qu'on chauffe. C'est ce qu'ignorent encore beaucoup de cuisinières qui gaspillent de la chaleur sans profit.

La forme des ustensiles de cuisine a également son importance pour la bonne utilisation du calorique. On chauffe plus vite de l'eau dans une casserole large et basse que dans une bouillote étroite et haute, la première ayant une plus grande surface de contact avec le foyer. Il faut donc toujours utiliser de préférence une grande casserole, celle dans laquelle le liquide sera en couche aussi mince que possible, tout en restant, bien entendu, dans des limites raisonnables et en choisissant le modèle convenable pour que sa masse ne soit pas énorme par rapport au contenu et pour que l'eau recouvre les mets qu'on y cuit, si besoin est. Chauffer un verre d'eau dans une casserole de 5 litres serait aussi dispendieux que d'en faire bouillir un litre dans un cruchon placé verticalement. Pour une économie bien entendue, il est bon que l'eau affleure juste au-dessus des aliments qui y trempent, et que, dans le cas de la cuisine au gaz, le fond de la casserole ait une surface plus grande — double si l'on veut — de celle du réchaud.

Cuisine sans appareils. (Vue n° 21.)

Commençons par parler de la cuisine sans appareils. Elle n'est ni fréquente, ni d'un usage très général, puisqu'elle n'est applicable qu'à deux ou trois mets à cuisson très rapide, tels qu'œufs sur le plat ou omelettes et, tout au plus, de petites côtelettes. On enferme les mets tout préparés dans un plat de fer blanc qu'on recouvre d'un autre, pareil, s'y adaptant exactement. Comme la quantité de chaleur à fournir est minime, il suffit d'allumer un journal sous cette casserole improvisée pour obtenir la cuisson. On a proposé également d'utiliser la chaleur des lampes pour faire bouillir de l'eau ou même pour cuire. Voici un de ces dispositifs qu'on peut réaliser soi-même. Mais il est à craindre qu'il coûte en verres de lampe cassés et en lampes renversées plus que le combustible économisé.

Laissons là ces moyens d'une application très limitée, pour examiner les appareils de chauffage culinaire.

Le plus primitif, le plus simple est l'antique cheminée avec sa crémaillère à laquelle on suspend le pot, au-dessus du feu de bois. Son rendement, nous le savons, est déplorable et, de plus elle noircit les ustensiles et donne souvent aux mets un goût de fumée qui nous empêche de regretter sa disparition presque totale.

La plupart de nos cuisines possèdent encore des réchauds à charbon de bois d'une construction extrêmement timple. Leur rendement n'est pas trop mauvais, ils s'allument rapidement et s'éteignent de même, leur foyer étant très petit, mais il faut les recharger souvent et, par suite, ils ne conviennent guère à des cuissons prolongées; leur vice rédhibitoire est de dégager fréquemment de l'oxyde de carbone toxique, qui se répand dans la cuisine, au grand dommage des personnes.

D'ailleurs ces réchauds ne sont plus guère employés depuis longtemps déjà et ils ont toutes les chances de ne pas être rallumés aujourd'hui, étant donnés la pénurie et les prix du charbon de bois.

Fourneaux à houille. (Vue n° 22.)

A peu près toutes les cuisines ont, à côté de ce réchaud, un fourneau à charbon de terre, avec tuyau de dégagement s'en allant dans une cheminée; la première conception en est due au physicien américain Rumford. Ce fourneau est un véritable poêle avec sa grille, son foyer, son cendrier à entrée d'air réglable et sa sortie de fumée.

Il est construit tout en fonte; le dessus forme une table dont une partie circulaire mobile s'enlève pour le chargement du combustible. Cette partie est formée de ronds concentriques, qu'on peut enlever en plus ou moins grand nombre selon la grandeur des récipients à chauffer. Toute la plaque supérieure, conductrice, sert au chauffage et plusieurs mets peuvent cuire à la fois.

Si l'on désire un chauffage intense et rapide, on met la casserole directement en contact avec la flamme sur le feu nu; pour un chauffage plus modéré, on l'écarte du foyer et on la place plus ou moins loin sur la table de fonte. On peut ainsi, par un simple déplacement, obtenir toutes les variations de chauffage que l'on désire.

On comprend qu'un pareil chauffage n'est qu'une dérivation de chaleur prise sur un courant continu qui va du foyer à la cheminée. Aussi n'est-il guère économique, malgré le bon rendement du fourneau, qui peut atteindre celui d'un poêle s'il est bien conduit. En effet, toute la masse du fourneau chauffe et notamment toute la table supérieure. Or, le récipient qu'on y met n'en occupe qu'une très petite partie et tout le reste est perdu pour la cuisson.

En été, le fourneau de cuisine est désagréable parce qu'il agit surtout comme un poêle et qu'il élève beaucoup trop la température. En hiver, il peut rendre service dans les petits logements en chauffant la pièce en même temps qu'il cuit les aliments. Les nombreux modèles de poêles-cuisinières qui existent dans le commerce montrent la généralité de ce double usage.

Le fourneau de cuisine est encore intéressant dans les installations importantes, où il y a à cuire un grand nombre de plats, parce qu'alors un seul foyer chauffe plusieurs récipients à la fois et qu'une plus grande surface de la plaque chauffante est utilisée.

En résumé, le fourneau peut être avantageux pour les petits ménages, à modeste budget et à place limitée, où il sert à deux fins : chauffer et cuire, et où l'on consomme en majorité, parce que plus nutritifs et moins coûteux, des aliments exigeant une longue cuisson. Il l'est également dans les importantes cuisines, telles que celles des restaurants ou des collectivités, où il y a un grand nombre de plats à cuire, souvent presque à toutes les heures de la journée. Entre les deux, dans les cuisines moyennes, telles que celle d'un ménage bourgeois, ou encore quand on ne consomme que des aliments à cuisson rapide, le fourneau peut souvent être économiquement remplacé par le réchaud à gaz, comme nous le verrons plus loin.

La plupart des fourneaux sont pourvu d'un four; le tirage ne s'y fait plus directement du foyer à la cheminée : les gaz sortant du foyer passent d'abord entre le toit du four et la plaque chauffante supérieure; puis ils descendent dans un espace ménagé entre la paroi latérale du foyer et celle du fourneau; souvent même ils lèchent encore le dessous du four avant de s'échapper dans la cheminée. Le four est ainsi chauffé sur trois ou quatre de ses faces et prend une température assez homogène.

La plus grande dépense de chaleur dans la cuisine est pour le chauffage de l'eau. Notamment il en faut toujours une grande quantité pour le lavage de la vaisselle. On a imaginé de placer dans les fourneaux, sur le côté du foyer, un bain-marie formé d'un grand réservoir en cuivre étamé, communiquant avec un robinet fixé sur la paroi. On remplit le réservoir d'eau froide, cette eau s'échauffe au contact du foyer. La seule précaution à prendre est de ne pas recharger d'eau froide au momet où l'on a besoin d'un feu ardent, notamment pour rôtir dans le four.

Il existe des fourneaux de toutes formes et de toutes

tailles, selon la quantité d'aliments à cuire et le logement qu'on prévoit.

On a aussi imaginé de se servir de ces cuisinières pour assurer le chauffage central de tout un appartement ou même de toute une maison, au moyen de quelques modifications : foyer plus grand, vaste réservoir d'eau, conduites emportant l'eau chaude et ramenant l'eau froide.

Toujours le rendement dépendra en grande partie de la manière de conduire le feu. Rappelons que le fourneau ne doit jamais être chargé jusqu'à la gueule, qu'il doit toujours rester un espace vide entre le feu et la plaque superieure, qu'il vaut mieux le charger souvent et peu à la fois, et qu'il ne chauffe économiquement que si la flamme sort au-dessus du charbon et lèche le plafond de l'appareil.

Le meilleur charbon à employer est celui qui donne une flamme longue, sans trop encrasser de suie les tuyaux.

Réchauds à gaz. (Vues n°s 23 et 24.)

Le premier réchaud à gaz date en France de 1839, mais ce n'est qu'après 1860 qu'on put songer à en utiliser, quand les usines à gaz se multiplièrent et que l'habitude vint de laisser les tuyaux en charge toute la journée. Aujourd'hui, ils sont répandus partout et, en beaucoup d'endroits, les sociétés exploitant les usines prêtent gratuitement des appareils à leurs abonnés.

Le succès des réchauds à gaz tient à leur grande commodité. Avec eux, pas d'approvisionnement et pas de transport de combustible; aucun effort pour allumer et entretenir le feu; pas de résidus dont il faut se défaire. L'allumage et l'extinction s'obtiennent instantanément par la seule manœuvre d'un robinet, ainsi que le réglage de l'intensité du feu. Enfin, encombrement minime et suppression du tuyau de fumée. Ces avantages, nombreux et importants, expliquent la généralisation de l'emploi des réchauds à gaz. Malheureusement, le gaz coûte beaucoup plus cher que le charbon.

Pour qu'il devienne plus économique, il faut que son utilisation soit trois à quatre fois meilleure que celle du charbon. Elle le sera quand on n'aura qu'un petit nombre de plats à cuire, et qu'ils cuiront rapidement. En un mot, le gaz est le combustible de beaucoup préférable pour la cuisson des grillades, des légumes frais, de tous les mets qui restent peu de temps sur le feu. Il devient dispendieux quand le feu doit être prolongé, que les plats sont nombreux et se succèdent pendant plusieurs heures.

Le mieux, au point de vue domestique, est de posséder dans sa cuisine deux appareils, un fourneau à charbon et un réchaud à gaz. C'est ce qui existe dans beaucoup de maisons. La ménagère composera ses menus de façon que certains jours ils ne comprennent que des plats à cuisson brève; ces jours-là elle emploiera le réchaud à gaz. Les jours de lessive, ceux où elle groupera les plats à longue cuisson : pot-au-feu, légumes secs, elle aura avantage à allumer sa cuisinière et à mettre en route simultanément le plus grand nombre possible de mets.

Les réchauds à gaz ordinaires comportent un bâti de fonte le long duquel est fixée une rampe de cuivre creux reliée au robinet de prise de gaz fixé le long du mur.

La liaison est établie par un tube souple de caoutchouc nu ou protégé par une armature métallique.

Une bonne précaution est de toujours fermer le gaz en amont du tube souple, sur le robinet du mur, et de vérifier de temps à autre le caoutchouc. Les fuites de gaz sont non seulement une perte d'argent, mais un danger d'asphyxie et d'explosion. Il peut arriver qu'un peu d'eau se condense dans le caoutchouc; on le reconnaît à ce que la flamme devient vacillante; on y remédie en vidant le tuyau.

Il est bon que le fond du récipient ne soit pas trop éloigné de la flamme pour en capter le plus de chaleur, ni trop rapproché au cas où le gaz brûlerait en blanc par encrassement de l'entrée d'air; la hauteur optima, 3 à 4 centimètres, est réalisée par construction au moyen d'une grille fixe en fonte servant de support.

On ne doit jamais allumer une couronne plus grande que le récipient à chauffer *(vue n° 25)*. C'est cependant ce que font beaucoup de cuisinières qui ne songent qu'à la vitesse de cuisson et non à l'économie de consommation. Le grand foyer à deux couronnes concentriques ne doit être allumé en grand qu'au dessous des très larges récipients dont le fond dépasse largement la surface du feu. Chauffer une couronne sur les deux couronnes, c'est gaspiller plus de la moitié du gaz. En général, pour les casseroles de taille moyenne, la couronne centrale suffit et si le temps d'ébullition est alors légèrement augmenté, l'économie de gaz est tellement sensible que toutes les maîtresses de maison doivent enseigner et exiger cette pratique.

Trop souvent aussi, on ouvre le gaz en grand et l'on ne touche plus au robinet. Or, si l'on a bénéfice à ouvrir le robinet au maximum au début du chauffage, il faut diminuer la flamme dès qu'on arrive à l'ébullition : on la laisse trop souvent se poursuivre à gros bouillons, souvent même sans avoir mis de couvercle ; la cuisson ne se fait pas plus vite, puisque la température reste à 100° tant qu'il y a de l'eau dans la casserole, et le seul résultat est qu'on dépense beaucoup de gaz pour produire de la vapeur d'eau qui va mouiller toute la cuisine.

Une autre négligence des cuisinières est de laisser le gaz brûler à vide, après avoir retiré un plat du fourneau.

Tout le secret de l'économie du chauffage culinaire au gaz réside dans la manœuvre des robinets. C'est le chauffage le plus souple et le plus facilement réglable, mais encore faut-il le régler. Choisir le foyer proportionné à la casserole, ne pas considérer la rapidité de chauffe comme le seul but, régler le feu en se rappelant que le robinet peut prendre beaucoup de positions entre la fermeture et la marche à toute allure, éviter l'évaporation intense et prolongée, éteindre dès que le foyer ne sert plus, voilà tout ce à quoi il faut penser. On y trouvera à la fois son intérêt, la marche du compteur étant moins rapide, et sa commodité, puisque la quantité de gaz dont nous disposons est actuellement limitée.

Rappelons, en terminant, que le réchaud à gaz ne doit servir que pour les cuissons brèves et qu'il prend tout son intérêt pour les chauffages discontinus. Il n'est pas étudié pour mijoter doucement et régulièrement, car il n'a pour ainsi dire aucun volant de chaleur.

Le rendement du réchaud à gaz varie de 35 à 50 p. 100.

Réchauds à alcool, à essence et à pétrole.

On avait réalisé avant la guerre un grand nombre de types de réchauds à alcool; certains à mèche, d'autres sans mèche, brûlant l'alcool vaporisé; il en existait de toutes dimensions, depuis le tout petit modèle pour préparer un verre d'eau chaude ou une tasse de thé, jusqu'au réchaud de cuisine a deux foyers et même à rôtissoire. Ils étaient répandus surtout à la campagne, dans les petites agglomérations où n'existait pas d'usine à gaz. La disparition de l'alcool dénaturé les a rendus inutiles.

On peut en dire autant des réchauds à essence dont plusieurs modèles pour la cuisine existaient dans le commerce. Faute d'essence, on ne peut plus se servir des réchauds à pétrole : réchauds à flamme bleue ou à vapeur de pétrole sous pression, dont les types pour la cuisine ne diffèrent en rien de ceux pour le chauffage.

Cuisine électrique.

On commençait en France, avant la guerre, à mettre en vente toutes sortes d'appareils de chauffage culinaire par l'électricité : bouilloires, théières, casseroles, grille-pain, etc., des chauffe-plats et même des réchauds. Le chauffage y est obtenu par le passage du courant dans une résistance recouverte d'une mince couche d'amiante placée sous le récipient dans le cas du réchaud, ou mieux, dans celui-ci, soit au fond où elle est fixée, dans les vases spécialement construits pour ce chauffage, soit mobile, et qu'on plonge dans n'importe quel ustensile ordinaire de cuisine. C'est un chauffage parfait, à très grand rendement, pouvant se pratiquer n'importe où, même en dehors de la cuisine, puisqu'il ne dégage aucun gaz, ne consomme pas d'oxygène et peut être branché sur n'importe quelle prise de courant.

Mais c'est aussi un chauffage si dispendieux que, malgré sa commodité et ses avantages, il n'était guère, avant la guerre, qu'un objet de curiosité, sauf au voisinages des centrales hydro-électriques. Quelques personnes s'en servaient pour chauffer un verre d'eau ou de tisane sur leur table de nuit, mais on l'ignorait dans les cuisines. En effet, un hectowat dégage seulement 86 calories et coûte à Paris o fr. 05 ; les appareils nécessaires étant encore très peu répandus, il n'y a pas lieu de s'y arrêter pour le moment.

Marmites norvégiennes et cuiseurs. (Vue n° 26.)

La guerre a vulgarisé un moyen de cuire longtemps sans beaucoup de feu : la marmite norvégienne. Il est presque inutile d'en parler longuement, après tout ce qu'on en a dit. Ce n'est cependant pas une invention de la guerre, car depuis longtemps, on avait coutume, dans beaucoup de nos campagnes, de placer la soupe sous l'édredon pour la maintenir chaude jusqu'à la rentrée des travailleurs.

Son principe est facile à comprendre. Nous avons vu qu'une fois la marmite portée à l'ébullition, il n'y a plus besoin de lui fournir de calories qu'autant qu'elle en perd par ses parois. Qu'on l'isole de l'air extérieur et la température s'y maintiendra, la cuisson s'y prolongera, sans qu'il soit besoin de continuer le feu. On voit quelle économie peut présenter cette cuisine sans feu, surtout lorsqu'il s'agit de légume secs, de pot-au-feu ou d'autres plats nécessitant une cuisson de plusieurs heures. Tel plat, qui exige trois ou quatre heures de cuisson et oblige à allumer la cuisinière, sera tout aussi bien cuit après un court instant passé sur le fourneau à gaz suivi d'un séjour dans la marmite, un peu plus long il est vrai que le temps de cuisson totale au feu. Mieux la marmite sera construite, plus elle sera isolante et plus longtemps on y pourra maintenir des aliments chauds. Avec les modèles courants, fabriqués à la maison ou achetés dans le commerce, on pourra très bien préparer le soir le déjeuner du lendemain et le matin le dîner du soir. Bien entendu, plus la masse sera grande et plus lent sera le refroidissement : une marmite de 5 litres reste plus longtemps chaude qu'une marmite d'un litre, une marmite pleine qu'une marmite vide, Quelle que soit la taille du récipient, il faut toujours l'employer complètement rempli.

Une sage précaution, bien qu'elle ne soit généralement pas indiquée dans les notices sur la marmite norvégienne, est de porter la marmite à l'ébullition quand on la sort, avant d'en servir le contenu, surtout si l'ébulliprimitive a été courte et le séjour dans la marmite prolongé.

Cette chauffe finale a pour but de détruire les germes qui auraient pu échapper à la première ébullition et pulluler à mesure que la température baissait.

La plus simple des marmites norvégiennes est celle qu'on réalise chez soi par ses propres moyens en empruntant à sa maison les objets nécessaires. Une caisse en bois, un carton à chapeau ou même un vieux sceau en métal peut servir d'enveloppe extérieure ; on la remplit d'un corps mauvais conducteur de la chaleur, tel que du papier froissé, des chiffons, des bouchons hachés, de la sciure, des cendres ; point n'est besoin des isolants classiques en chauffage industriel, amiante, kieselguhr, etc., plus difficiles à se procurer et pas plus efficaces. On tasse l'isolant sur le fond et sur les bords, de manière qu'il soit partout aussi homogène que possible, que son épaisseur soit régulièrement de plusieurs centimètres et qu'il laisse au milieu un espace vide, juste suffisant pour y loger la marmite.

Pour maintenir en place cet isolant, on le recouvre d'une étoffe ou, si l'on veut, de carton ou de bois, pour former une paroi intérieure. La marmite est alors constituée. Il ne reste plus qu'à lui fabriquer un couvercle fermant aussi bien que possible. On le réalise au moyen de plusieurs coussins, bourrés également de matières isolantes sur lesquels on appuie le couvercle extérieur, en ayant soin qu'il ferme aussi bien que possible.

Un détail qu'il ne faut pas oublier est d'aérer sa marmite chaque fois qu'elle vient de servir. En effet, la vapeur d'eau est beaucoup plus conductrice que l'air et la marmite isole d'autant mieux qu'elle est plus sèche ; or le récipient qu'on y introduit tout bouillant dégage de la vapeur qui se condense et humidifie l'intérieur de la caisse.

Les modèles vendus dans le commerce ne diffèrent guère de ceux qu'on peut réaliser chez soi ; quelques-uns même sont inférieurs, parce qu'ils présentent une paroi métallique continue de l'intérieur à l'extérieur qui perd de la chaleur par conduction, d'autres parce que leur intérieur est simplement assemblé à la colle et se disloquera vite sous l'influence de l'humidité.

Les marmites norvégiennes ordinaires *(vue n° 27)* ne peuvent cuire que des bouillis et des légumes, puisqu'elles ne reçoivent que des plats portés à l'ébullition. Il semble d'ailleurs que ce soit là leur vrai rôle et qu'il n'y ait pas avantage à leur en faire jouer un autre. Quoi qu'il en soit, dès avant la guerre on trouvait dans le commerce des appareils de grandes dimensions dans lesquels on pouvait non seulement bouillir, mais rôtir au moyen d'une source de chaleur enfermée avec les plats sous forme de disques de fonte chauffés vers 200°. Cette combinaison peut être commode, mais elle n'est certainement pas tres économique.

On peut obtenir une notable amélioration en installant un foyer dans l'enveloppe de la marmite norvégienne, construite en matériaux incombustibles.

En effet, quand on introduit le récipient porté sur le feu à 100° dans la marmite froide, il chauffe immédiatement la paroi en contact avec lui en se refroidissant, et perd ainsi très rapidement 5 ou 6 degrés : après quoi l'isolement agit et la température ne baisse plus que lentement. Mais la température de départ n'est plus ainsi que de 94 à 95° alors que la cuisson est plus efficace au voisinage de 100°.

On a récemment imaginé de percer l'enveloppe de deux orifices, l'un au bas par lequel on peut introduire un brûleur à gaz construit pour occuper le centre, l'autre en haut, ou sur le côté, pour l'échappement des gaz brûlés. On met le récipient contenant les aliments froids dans l'enveloppe, on pose le couvercle, on allume le brûleur et on l'introduit par l'orifice du bas. Le chauffage est ainsi très rapide et très économique, l'utilisation des calories dégagées par la combustion étant augmentée du fait que le récipient est protégé contre la convection due aux courants d'air. Quand l'ébullition s'établit et que la vapeur commence à sortir, on retire le brûleur, on ferme les orifices par des bouchons. A ce moment le récipient est à 100° et se trouve déjà en équilibre de température avec les parois intérieures de l'enveloppe chauffées en même temps que lui ; le refroidissement lent part donc de 100° exactement.

On troupe encore dans le commerce plusieurs modèles de cuiseurs à chauffage intérieur électrique. Ils présentent le maximum de commodité, toutes les opérations se faisant en vase complètement clos, mais le prix de l'énergie électrique ne les rend pas économiques.

RÉSUMÉ DE LA CONFÉRENCE

POUVANT SERVIR DE DICTÉES

1

Il faut économiser le chauffage, pour nous qui devons dépenser peu, et plus encore pour le pays qui a besoin de tout le combustible pour les besognes de guerre.

Il faut économiser le charbon.

Il faut économiser la chaleur.

Chauffons le moins possible et limitons-nous au strict nécessaire.

Il est évidemment absurde de chauffer tout un immeuble s'il n'est occupé que par deux ou trois personnes, Ce gaspillage est non seulement absurde, il est nuisible au pays. *C'est une faute contre la patrie de chauffer des pièces inoccupées.*

Groupons-nous pour profiter en commun des foyers que nous allumons. Le chauffage n'étant destiné qu'à compenser les pertes de chaleur par la cheminée, les portes, les fenêtres et les murs, la dépense sera la même pour dix que pour un.

Allumons les feux le plus tard possible dans l'hiver et éteignons-les dès les premiers beaux jours.

Une température de 12° est suffisante. Ne chauffons pas trop, c'est coûteux est malsain. Utilisons tout le charbon, et pour cela *récupérons les escarbilles en tamisant les cendres.*

Il est plus économique de maintenir un feu continu que de l'allumer tous les jours. Ne faisons donc pas de chauffes brèves, ou faisons-en le moins possible.

Ménageons les combustibles usuels, pour réserver aux industries de guerre la plus grande quantité de charbon et pour ne pas ruiner notre domaine forestier;

Utilisons largement les combustibles de remplacement : tourbe, lignite, sciure, tannée, marc de raisin ou de pomme, etc.;

Employons ceux-ci de préférence à proximité des lieux d'extraction ou de production, soit seuls, soit plutôt mélangés au charbon ou sous forme de mottes pour tenir le feu ;

Ne laissons perdre aucun poussier, aucun déchet combustible; confectionnons des agglomérés domestiques, si nous disposons de poussier et de main-d'œuvre inutilisée;

Pour éviter les effets de la spéculation, calculons toujours le prix d'un combustible par comparaison avec celui de la houille, en tenant compte du pouvoir calorifique;

Plaçons les appareils de chauffage, s'il se peut, de façon qu'ils chauffent plusieurs pièces. Il vaut mieux allumer une cheminée placée entre deux chambres qu'une autre adossée au mur extérieur.

II

Conduisons au mieux le feu et pour cela :

Tisonnons peu;

Chargeons souvent et peu à la fois;

N'accumulons pas de combustible sur la grille : 10 à 15 centimètres d'épaisseur suffisent ;

Égalisons le feu en l'étalant ;

Évitons les flammes bleues dues à un tirage insuffisant;

Réglons le tirage : trop et trop peu refroidissent.

Mettons bas les feux dès qu'il n'est plus besoin de chauffer un endroit. Si c'est une grille, renversons-la ou couvrons-la; un radiateur, fermons-le; un poêle à gaz ou à pétrole, éteignons-le.

Ne perdons pas la chaleur en laissant les portes et les fenêtres ouvertes, en ventilant trop, en exagérant le tirage, en un mot en chauffant le ciel.

N'oublions pas qu'une *petite négligence repétée tout l'hiver, cause un gros gaspillage.*

Remplaçons les cheminées par des poêles, si nous pouvons en installer. C'est peut-être moins joli, mais beaucoup plus économique. *Avec le même combustible, un poêle chauffe 6 à 10 fois plus qu'une cheminée.*

Si nous n'avons rien autre à notre disposition qu'une cheminée, utilisons-la au mieux. Pour cela, diminuons son tirage, autant qu'il se pourra sans qu'elle fume. Si elle n'a pas de bouches de chaleur, fabriquons avec des tuyaux un chauffeur d'air. Faisons arriver l'air nécessaire au tirage au haut de la pièce et non au bas.

Préférons à la cheminée le poêle. Pour celui-ci, ne forçons pas le tirage, ne le laissons jamais rougir, allongeons les tuyaux autant que le permet le tirage, pour utiliser le maximum de la chaleur produite. Ne le bourrons pas jusqu'à la geule, il faut laisser un espace vide au-dessus du charbon.

Préférons au poêle simple le poêle-calorifère à circulation d'air chaud, Si nous disposons du chauffage central, ne l'allumons que si beaucoup de pièces ont besoin d'être chauffées; évitons de chauffer les pièces vides.

Servons-nous peu du gaz et seulement pour des

chauffes courtes. Méfions-nous des appareils sans dégagement.

Supprimons le chauffage électrique, sauf près des usines mues par l'eau. Pensons toujours au peu de combustible dont nous disposons et au matériel de guerre que fournirait celui que nous perdons par notre faute. Ignorance et négligence doivent disparaître, à la maison comme partout, pour assurer la victoire.

III

La casserole métallique est préférable à la marmite de terre pour un chauffage rapide.

Tenez-les toutes propres extérieurement ; plus elles brillent et plus elles chauffent vite.

Qu'on ne voie jamais sur le feu une casserole sans couvercle.

Choisissez toujours une casserole large ; plus elle couvre le foyer, mieux elle s'échauffe, moins elle est haute, plus vite elle bouillira.

Quand vous recherchez les aliments les moins coûteux, tenez compte non seulement de leur prix d'achat, mais de leur temps de cuisson.

Réduisez le séjour sur le feu par un choix judicieux des appareils.

N'allumez jamais de réchaud à charbon de bois.

Le fourneau ne doit servir que pour les cuissons prolongées de plats nombreux. Il a sa raison d'être dans les restaurants, hôpitaux, écoles, collectivités de toutes sortes. A la maison, on ne l'allumera que certains jours et on l'utilisera au mieux, en choisissant ces jours-là pour la lessive, le repassage et la préparation d'un grand nombre de plats à longue cuisson.

Toutes les cuisines brèves se feront sur le réchaud à gaz. On composera des menus ne comprenant que des plats cuisant rapidement et, ces jours-là, le fourneau ne sera pas allumé.

Sur le gaz, choisissez toujours un foyer plus petit que votre casserole; diminuez la flamme dès que l'eau bout; éteignez avant de retirer votre plat. La cuisine au gaz n'est économique que si elle dure peu et si le robinet n'est pas constamment ouvert en grand.

Confectionnez une marmite norvégienne; usez-en largement. La cuisine y est aussi bonne et elle s'y fait sans feu. L'économie est d'autant plus sensible que les mets sont de cuisson plus lente. Faites bouillir sur le gaz avant de mettre à la marmite. Faites bouillir de nouveau en sortant. Aérez la marmite après chaque usage; qu'elle soit toujours sèche pour bien fonctionner.

Mal utiliser le combustible, c'est perdre de la chaleur.

C'est dépenser beaucoup pour rien.

C'est gaspiller de l'énergie nécessaire aux fabrications de guerre.

MELUN, IMPRIMERIE ADMINISTRATIVE. — M. P. 2315 L

www.ingramcontent.com/pod-product-compliance
Ingram Content Group UK Ltd.
Pitfield, Milton Keynes, MK11 3LW, UK
UKHW021220230726
13926UKWH00003B/1139

9 782016 112939